高职计算机类精品教材

计算机应用基础项目化教程实训指导

主　编　吕宗明　汪青华
副主编　张小奇　苏文明　于中海

中国科学技术大学出版社

内容简介

本书是"安徽省高等学校省级质量工程项目"研究成果,是《计算机应用基础项目化教程》的配套实训教材,内容涵盖了教育部全国高校网络教育考试委员会制订的"计算机应用基础"考试大纲(2013年修订版)中规定的操作部分的所有知识点,实验内容按知识点分类,内容全面,重点突出,案例翔实,操作步骤清晰。本书共分为7个项目,共22个实训,主要包括:了解计算机文化、轻松驾驭计算机、制作办公文档、制作电子报表、制作演示文稿、网络与Internet应用、常用工具软件的安装与使用等实训内容。每个实训包含实训目的、实训内容、实训步骤、技能拓展4个方面内容。

本书既可作为高职高专学生"大学计算机应用基础"课程的实训指导书,又可作为计算机等级考试的辅导用书。

图书在版编目(CIP)数据

计算机应用基础项目化教程实训指导/吕宗明,汪青华主编. ——合肥:中国科学技术大学出版社,2014.8(2015.7重印)

ISBN 978-7-312-03505-0

Ⅰ.计⋯　Ⅱ.①吕⋯　②汪⋯　Ⅲ.电子计算机—高等职业教育—教材　Ⅳ.TP3

中国版本图书馆CIP数据核字(2014)第171681号

出版	中国科学技术大学出版社
	安徽省合肥市金寨路96号,230026
	网址:http://press.ustc.edu.cn
印刷	合肥华星印务有限责任公司
发行	中国科学技术大学出版社
经销	全国新华书店
开本	787 mm×1092 mm　1/16
印张	6.75
字数	168千
版次	2014年8月第1版
印次	2015年7月第2次印刷
定价	14.00元

前　言

在联合国重新定义的新世纪文盲标准中,将"不能使用计算机进行学习、交流和管理的人"称为第三类文盲,运用计算机进行信息处理已成为当代大学生必备的能力,提高大学生的信息素养已成为计算机基础课程教学需要解决的核心问题。有鉴于此,我们根据教育部计算机基础教学指导委员会《关于进一步加强高等学校计算机基础教学的意见》和《高等学校非计算机专业计算机基础课程教学基本要求》,结合《全国高等学校(安徽考区)计算机水平考试一级大纲》,编写了本教材。

本书内容涵盖了教育部全国高校网络教育考试委员会制定的"计算机应用基础"考试大纲(2013年修订版)中规定的操作部分的所有知识点,实验内容按知识点分类,内容全面,重点突出,案例翔实,操作步骤清楚。本书共分为7个项目,共22个实训,每个实训包含实训目的、实训内容、实训步骤、技能拓展四方面内容,主要内容包括:项目一——了解计算机文化,项目二——轻松驾驭计算机,项目三——制作办公文档,项目四——制作电子报表,项目五——制作演示文稿,项目六——网络与Internet应用,项目七——常用工具软件的安装与使用。参加本教材编写的作者都是多年从事一线教学的教师,具有较为丰富的教学经验。本书是《计算机应用基础项目化教程》的配套实训教材,同时又具有独立性,既可作为高职高专学生"大学计算机应用基础"课程的实训指导书,又可作为计算机等级考试的辅导用书。

本书由吕宗明、汪青华任主编,张小奇、苏文明、于中海任副主编。参加编写的有黎颖、蔡小爱、张宝春、龚勇、胡敏、何学成、张海民、裴云霞、王玉等。本书在编写的过程中参考了相关文献,在此向这些文献的作者深表感谢。由于作者水平有限,书中难免有不足之处,恳请专家和广大读者批评指正。

编　者
2014年6月

目　　录

前言 ……………………………………………………………………………………（ⅰ）

项目一　了解计算机文化 ……………………………………………………………（1）
　实训　机器的启动和指法练习 ………………………………………………………（1）

项目二　轻松驾驭计算机 ……………………………………………………………（6）
　实训一　组装台式计算机 ……………………………………………………………（6）
　实训二　安装 Windows 7 操作系统 …………………………………………………（14）
　实训三　管理计算机数据（文件和文件夹操作）……………………………………（26）
　实训四　配置计算机 …………………………………………………………………（28）

项目三　制作办公文档 ………………………………………………………………（32）
　实训一　Word 的基本操作 …………………………………………………………（32）
　实训二　Word 图文混排 ……………………………………………………………（36）
　实训三　制作学生成绩表 ……………………………………………………………（40）

项目四　制作电子报表 ………………………………………………………………（47）
　实训一　Excel 2010 基本操作 ………………………………………………………（47）
　实训二　公式与函数的应用 …………………………………………………………（50）
　实训三　数据的统计与分析 …………………………………………………………（58）

项目五　制作演示文稿 ………………………………………………………………（64）
　实训一　演示文稿的创建和基本操作 ………………………………………………（64）
　实训二　幻灯片的切换和动画设计 …………………………………………………（68）
　实训三　在演示文稿中添加多媒体 …………………………………………………（70）

项目六　网络与 Internet 应用 ………………………………………………………（79）
　实训一　网络配置 ……………………………………………………………………（79）
　实训二　设置路由器 …………………………………………………………………（84）
　实训三　IE 的基本设置与网上浏览 …………………………………………………（87）

项目七　常用工具软件的安装与使用 ………………………………………………（92）
　实训一　安装并使用 360 安全卫士 …………………………………………………（92）
　实训二　安装并使用 360 杀毒软件 …………………………………………………（94）

实训三　安装并使用移动飞信 …………………………………………（96）
实训四　安装并使用压缩软件 …………………………………………（98）
实训五　使用QQ影音播放电影 ………………………………………（100）

参考文献 ……………………………………………………………………（102）

项目一 了解计算机文化

实训 机器的启动和指法练习

一、实训目的

(1) 熟悉计算机的外观,了解计算机的基本组成。
(2) 了解计算机的启动过程。
(3) 初步使用计算机,熟悉键盘、鼠标的使用方法。
(4) 熟悉键位,了解正确的击键姿势。
(5) 掌握打字软件——金山打字通的使用方法并进行指法练习。

二、实训内容

本实训共 34 道题,每一题请同学们都要在三分钟内输完,输入时要上下对齐,方便自己检查核对。

(1) 在 Word 中,输入的内容刚好超出一页,而页面及版式又不便作调整时,与其仔细地斟酌该删除哪一些字句,倒不如灵活地使用"缩至整页"功能。

(2) 流媒体不会永久占用计算机上的磁盘空间,但需要连接 Internet 才能播放。本地媒体不用连接到有关网站即可播放,但会占用大量磁盘空间。

(3) 中小学多媒体数字图书馆(CMDL)是教研、备课、探究教学和研究性学习的基础资源,可实现资源建设、新课程教学、数字化学习等方面的功能。

(4) FlashGet 使用分类的概念来管理下载的文件,它可以根据类别来指定磁盘目录,存放某一类别的下载任务,下载完成后就会保存到该目录中。

(5) Foxmail 以其设计优秀、体贴用户、使用方便、提供全面且强大的邮件处理功能,以及很高的运行效率等特点,赢得了广大计算机用户的青睐。

(6) KV 2005 独创的"系统级深度防护技术"与操作系统互动防毒,改变了以往独立于操作系统和防火墙的单一模式,开创了系统级病毒防护新纪元。

(7) My SQL 是完全网络化的跨平台关系型数据库系统,用户可以用多种计算机语言编写访问其数据库的程序。它与 PHP 的黄金组合运用得十分广泛。

(8) WinRAR 的"安装向导"使初学者也能方便地安装它。它对文件的压缩和解压缩操作更是简便易行,你只要右击要压缩的文件,再选择压缩即可。

（9）Photo Mark 是一款专门给图像添加水印功能的工具，可以快速、准确、方便地添加你的独特标识，甚至能一次完成不同地方的多个标识制作。

（10）酷狗具有强大的搜索功能，支持用户从全球 KUGOO 用户中快速检索所需要的资料，还可以与朋友间互传影片、游戏、音乐和软件，共享网络资源。

（11）RealPlayer 会自动扫描文件夹中是否存在你使用浏览器或其他程序下载的媒体文件，并为检测到的媒体文件在"我的媒体库"中创建剪辑。

（12）PhotoShop 是目前最为流行的专业图像处理软件，以其在图像编辑、处理方面的强大功能和操作方便的特点备受广大用户的青睐。

（13）1995 年，中国的决策者们访问了印度，希望从中学到经验。同时制定了推广 Linux、开发安全的电子商务软件和发展教育软件的项目。

（14）假如你是一名英语教师，那就更简单了，不但不用去学习打汉字，而且你打的每个英文单词，Word 2000 都会自动进行校对，还有自动更正功能。

（15）5 月 6 日，这看似平常的一天，联想 Legend 电脑公司的第一百万台电脑下线；第二年，联想电脑击败了众多国外品牌机，稳居国内电脑市场销售市场第一名。

（16）新的桌面风格：在 Windows 桌面风格和功能的基础上，增加了有关支持网络操作的快捷任务栏按钮、浏览工具栏、频道工具栏等便捷操作工具。

（17）第二年，作为向建国十周年的献礼，他们又成功研制了我国第一台大型通用电脑 104 机，内存扩大到 2 KB，速度达到了每秒 1 万次，共生产了七台。

（18）当然，微软本身在中国的发展方式是不当的。Windows 最先从其他市场寻求发展，而且扬言要让用户对微软产品产生依赖性，以便日后能够控制他们。

（19）许多年来，软件发展的最大障碍就是不合法软件的高使用率。按照商业软件联盟的报告，这种状况并未有很大的改变。

（20）爱因斯坦（Einstein），是现代物理学的开创者和奠基人，举世闻名的物理学家，提出了深奥难懂的相对论，被美国时代周刊评为"世纪伟人"。

（21）平安夜是指圣诞前夕，届时成千上万的欧美人风尘仆仆地赶回家中团聚。圣诞之夜必不可少的节目是 Party 或聚会。

（22）古生物学家最近发现一种比暴龙（Bolon）更凶恶的动物，那就是在远古海洋中的一种巨型海怪，它被称为"未知猎食者"。

（23）方案（Plan）范文库是一家以收录优秀原创范文为主的非盈利性网站，拥有上万篇应用文写作范文及方案文档等办公写作资料。

（24）这篇文章讲的是一只骄傲的孔雀（Peafowl）为炫耀自己的美丽，竟和自己的影子比美，结果掉入湖里的故事。

（25）父母在一些似是而非（Specious）的问题上随大流往往导致孩子既累又不易取得成功，还失去了最宝贵的幸福感。

（26）学校组织大型校外活动必须提前申报，经教育局同意后才能实施，并且实施前要组织师生进行安全教育，还要有详细的安全（Security）预案。

（27）科鲁是一家安装及维护中央暖气系统的公司，他们用计算机控制加热器的打开与关闭。该公司程序员 Tony 写了一段将室内温度保持在 20℃左右的控制程序。

（28）谷歌发布的网页浏览器（Chrome）令世界为之瞩目。虽然刚起步，研发相对比较粗糙，但它却在 3 个月的时间里就占据全球 1% 的浏览器份额。

（29）编写 Pascal 程序解决问题，首先需要分析问题的已知条件，从而对问题给出准确的描述。比如，解一元二次方程，首先判断根的判别式是否大于等于 0。

（30）《时空罪恶》是一部非常纯粹的科幻（Fiction）悬疑电影，里面既没有其他情节，也没有多余的人物，有的只是科幻及由科幻造成的悬疑……

（31）进行早期智力教育重要的不是传授深奥的科学（Science）知识，而是发展注意力、观察力、记忆力、思维力和想象力，以及口语表达能力。

（32）一个人如果在学龄前期没有练习说话的机会，长大成人后即使花费很大的精力，也难达到正常人的口语水平。我们要从小培养儿童（Child）的智力。

（33）父亲（Father）是坚强的，女儿更是坚强的。当她做完第 11 次化疗后，可怕的事情发生了：一头秀发掉得一根不剩。

（34）天底下每一个母亲（Mother）都记得孩子的生日、爱好，而又有多少孩子了解妈妈的生日和爱好呢？孩子应悄悄地收集这些信息，并把它们记录下来。

三、操作提示

1. 通过观察熟悉计算机的外观

（1）主机；（2）显示器；（3）键盘；（4）鼠标。

2. 启动计算机

（1）打开外部设备和主机电源；
（2）观察启动时自检的提示信息；
（3）对计算机进行冷起动、热起动操作；用 RESET 按钮启动计算机（不要频繁做）；
（4）掌握调整显示屏的亮度、对比度、上下左右对准等操作要领。

3. 操作的正确姿势和要领

（1）身体保持端正，两脚放平。椅子的高度以双手可平放在桌面上为准，电脑桌与椅子之间的距离以手指能轻放在基本键上为准；两臂自然下垂轻贴于腋边，手腕平直，身体与桌面保持 20~30 厘米的距离；打字文稿应放在键盘的左边，或用专用夹夹在显示器旁。力求"盲打"，打字时尽量不要看键盘，视线专注于文稿或屏幕。看文稿时，心中默念，不要出声。

（2）准备打字时，两手八指轻放在第三排的基本键位上，即：左手的 A、S、D、F 和右手的 J、K、L 和";"键。它们分别对应的手指是：左手小指、无名指、中指、食指和右手的食指、中指、无名指、小指。

（3）十指分工，包键到位，分工明确。键盘的各键区如图 1.1 所示。

（4）手指稍微弯曲拱起，稍斜垂直放在键盘上。指间后的第一关节微成弧形，轻放在键位中央，手腕悬起不要放在键盘上。击键的力量来自手腕，尤其是小指击键时，仅用手指的力量会影响击键的速度。

（5）任一手指击键后，如果时间允许都应退回到基本键位，不可停留在击字键上。

（6）击键力度适当，节奏均匀。

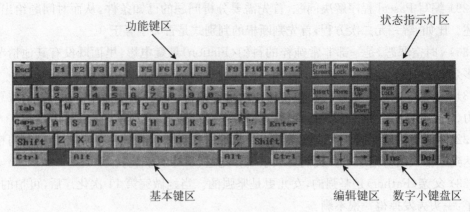

图 1.1　键盘各键区

4. 打字软件——金山打字通介绍

金山打字通 2003 是一个功能齐全、数据丰富、界面友好的集打字练习、打字测试于一体的打字软件。它主要包括英文打字、中文打字（拼音打字和五笔打字）、速度测试、打字游戏等几项功能。

金山打字软件的界面生动活泼，操作方法简单易懂。每个不同的使用者可以有不同的用户名。窗口的左边六个按钮让用户选择调用不同功能的操作界面。

启动好机器后，单击"开始"→"程序"→"金山打字通 2003"来启动金山打字通软件，如图 1.2 所示。

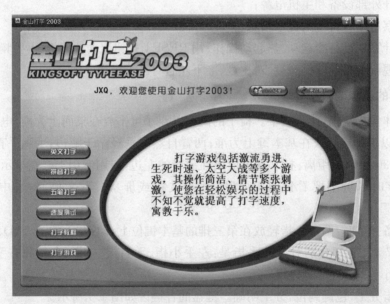

图 1.2　金山打字通 2003 的界面

5. 进行指法练习

（1）键位练习

打开"英文打字"→选择"键位练习（分初级和高级）"，按照系统的提示进行打字，以熟悉键位。

（2）单词练习

熟悉键位后，可以进行单词练习，在系统提示下进行。

（3）文章练习

熟悉键盘后，可以进行文章练习，以掌握各键所处的位置。

（4）中文练习

以前练习过指法的同学，也可以进行中文打字练习，有各种中文输入法可供选择，此处提供常见的拼音练习和五笔练习两种。

6. 退出打字软件

按窗口右上角的关闭键就可以关闭金山打字通。

7. 打字练习

启动 Word 软件完成实训内容中 34 题的打字练习。

8. 关机

（1）单击"开始"按键→"关机"键关闭计算机主机。

（2）关闭显示器。

项目二　轻松驾驭计算机

实训一　组装台式计算机

一、实训目的

(1) 了解台式计算机的硬件组成。
(2) 掌握组装台式计算机的主要步骤。

二、实训内容

(1) 了解台式计算机的硬件。
(2) 台式计算机的组装过程。

三、实训步骤

操作 1　了解硬件

台式计算机(如图 2.1 所示)的硬件一般有 CPU、主板、内存、显卡、硬盘、光驱、显示器、键盘、鼠标、电源和机箱组成。

图 2.1　台式计算机

(1) CPU(如图 2.2 所示):中央处理器(Central Processing Unit,CPU)是一块超大规模

的集成电路,是一台计算机的运算和控制核心,主要包括运算器(Arithmetic and Logic Unit,ALU)和控制器(Control Unit,CU)两大部件。

图 2.2　CPU

（2）主板（如图 2.3 所示）：主板又叫主机板(Mainboard)或母板(Motherboard);它安装在机箱内,是计算机最基本也是最重要的部件之一。它就是一块电路板,上面密密麻麻地分布着各种电路,是计算机的"神经系统"。

图 2.3　主板

（3）内存（如图 2.4 所示）：内存(Memory)是计算机中重要的部件之一,它是与 CPU 进行沟通的桥梁。计算机中所有程序的运行都是在内存中进行的,因此内存的性能对计算机的影响非常大。内存也被称为内存储器,其作用是用于暂时存放 CPU 中的运算数据,以及与硬盘等外部存储器交换的数据。只要计算机在运行,CPU 就会把需要运算的数据调到内

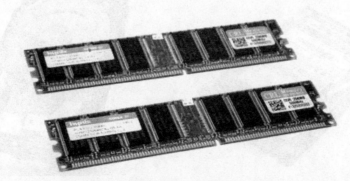

图 2.4　内存条

存中进行运算,当运算完成后 CPU 再将结果传送出来,内存运行的稳定与否决定了计算机能否稳定运行。内存是由内存芯片、电路板、金手指等部分组成的。

(4) 显卡(如图 2.5 所示):全称显示接口卡(Video Card,Graphics Card),又称为显示适配器(Video Adapter)或显示器配置卡,是计算机最基本装置之一。显卡的用途是将计算机系统所需要的显示信息进行转换驱动,并向显示器提供数据信号,控制显示器的正确显示。显卡是连接显示器和个人电脑的重要元件,是"人机对话"的重要设备之一。显卡作为电脑主机里的一个重要组成部分,承担输出显示图形的任务,对于从事专业图形设计的人来说显卡非常重要。

图 2.5 显卡

(5) 硬盘(如图 2.6 所示):硬盘(Hard Disk Drive,HDD)是电脑主要的存储媒介之一,由一个或者多个铝制或者玻璃制的碟片组成。碟片外覆盖有铁磁性材料。

硬盘有固态硬盘(SSD,新式硬盘)、机械硬盘(HDD,传统硬盘)、混合硬盘(HHD,一块基于传统机械硬盘诞生出来的新硬盘)。SSD 采用闪存颗粒来存储,HDD 采用磁性碟片来存储,HHD 是把磁性硬盘和闪存集成到一起的一种硬盘。绝大多数硬盘都是固定硬盘,被永久性地密封固定在硬盘驱动器中。

图 2.6 硬盘

(6) 光驱、显示器(如图 2.7 所示):光驱是电脑用来读写光碟内容的装置,也是台式机和笔记本电脑里比较常见的一个部件。随着多媒体的应用越来越广泛,使得光驱已成为计算机的标准配置。目前,光驱可分为 CD‐ROM 驱动器、DVD 光驱(DVD‐ROM)、康宝(COMBO)和刻录机等;显示器(Display)通常也被称为监视器。显示器是属于电脑的 I/O 设备,即输入/输出设备。它可以分为 CRT、LCD 等多种。它是一种将一定的电子文件通过特定的传输设备显示到屏幕上再反射到人眼的显示工具。

图 2.7 光驱、显示器

(7) 键盘、鼠标(如图 2.8 所示):键盘用于操作设备运行的一种指令和数据输入装置。键盘是最常用也是最主要的输入设备,通过键盘可以将英文字母、数字、标点符号等输入到计算机中,从而向计算机发出命令、输入数据等;鼠标是计算机输入设备的简称,分有线和无线两种。也是计算机显示系统纵横坐标定位的指示器,因形似老鼠而得名"鼠标"。"鼠标"的标准称呼应该是"鼠标器",英文名为"Mouse"。鼠标的使用是为了代替键盘中繁琐的指令,使计算机的操作更加简便。

图 2.8 键盘鼠标

(8) 电源和机箱(如图 2.9 所示):电脑电源是把 220V 交流电转换成直流电,并专门为电脑配件如主板、驱动器、显卡等供电的设备,是电脑各部件供电的枢纽,是电脑的重要组成部分;机箱作为电脑配件中的一部分,它起的主要作用是放置和固定各电脑配件,起到一个承托和保护作用。此外,电脑机箱具有屏蔽电磁辐射的重要作用。使用质量不良的机箱容易让主板和机箱短路,使电脑系统变得很不稳定。

图 2.9　电源、机箱

操作 2　台式计算机组装

1. 组装前的准备

（1）螺丝刀。在装机时要用到两种螺丝刀，一种是"一"字形的，另一种是"十"字形的。应尽量选用带磁性的螺丝刀，这样可以降低安装的难度，因为机箱内空间狭小，用手扶螺丝很不方便。

（2）器皿。在安装或拆卸计算机的过程中有许多螺丝钉及一些小零件需要随时取用，所以应该准备一个小器皿，用来盛装这些东西，以防丢失。

（3）尖嘴钳。尖嘴钳主要用来拧一些比较紧的螺丝和螺母，如在机箱内安装固定主板的垫脚螺母时就可能用到尖嘴钳。

（4）镊子。插拔主板或硬盘上的跳线时需要用到镊子，另外如果有螺丝不慎掉入机箱内部，也要用镊子将螺丝取出来。

（5）组装计算机所用的配件：CPU、主板、内存、显卡、硬盘、光驱、机箱电源、键盘、鼠标、显示器、各种数据线和电源线，以及机箱和主板附带的各种螺丝、螺母等。

（6）工作台。工作台应宽敞平整且能满足需求，最好是木制或垫上绝缘桌垫，因为安装操作系统时可能需要在工作台上加电测试。此外，还应准备电源插座以便测试机器时使用。

2. 组装顺序

安装时应以主板为中心，把所有东西摆好。在主板装进机箱前，应先装上处理器与内存，要不然接下来会很难装，弄不好还会损坏主板。此外要确定板卡安装是否牢固，连线是否正确、紧密，不同主板与机箱的内部连线可能有区别，连接时有必要参照主板说明书进行，以免接错线造成意外。

3. 组装技巧

由于我们穿着的衣物会因为相互摩擦而产生静电，特别是在天气干燥的秋冬季节，人体静电可能将 CPU、内存等芯片电路击穿造成器件损坏，这是非常危险的。最简单的方法是在组装之前用自来水冲洗手或触摸金属物体。

在安装过程中一定要注意使用正确的安装方法，有不懂不会的地方要仔细查阅说明书，不要强行安装,插拔各种板卡时切忌盲目用力,用力不当可能使引脚折断或变形。对安装后位置不到位的设备不要强行使用螺丝钉固定,因为这样容易使板卡变形,日后易发生断裂或接触不良的情况。对配件要轻拿轻放,不要碰撞,尤其是硬盘。不要先连接电源线,通电后不要触摸机箱内的部件。在拧紧螺丝时要用力适度,避免损坏主板或其他部件。

4. 组装过程

(1) CPU 的安装

我们以 Core i7 处理器安装为例。

第 1 步,注意到插槽下方的"J"形拉杆,它就是插槽顶盖卡锁,向下抠出并拉起拉杆,并呈 90 度的角度,如图 2.10 所示。

图 2.10

第 2 步,打开金属顶盖,看到塑料保护盖,塑料保护盖上有两个小小的突出开口,用指甲插入即可撬起保护盖,如图 2.11 所示。

图 2.11

第 3 步,注意 CPU 两侧的小缺口,将其对准插槽上的突起放下,CPU 即可准确嵌入插槽,正确安装后,CPU 的绿色基板应保证和插槽顶端平齐,放下金属顶盖,最好向下按一按以保证到位。将金属拉杆回位,此时它的上下都应该被两个小金属片固定。如图 2.12 所示。

图 2.12

CPU 安装完成以后,就需要安装散热器(CPU 风扇)。在安装之前,首先需要确定主板上的 CPU 风扇插针位置,保证风扇安装后电源线长度足够连接到这个插针。Core i7 原装风扇的底部接触面上,已经预先涂好了三条散热硅脂,正好覆盖 CPU 顶部突出的散热片。如果选择自行安装第三方散热器,可以适量涂抹散热硅脂。

(2) 内存条的安装

内存条的安装、拆卸非常简单。首先,分清内存条的类型。如图 2.13 所示,找准内存条上金手指处的缺口与 DIMM 槽上对应的防插反隔断(突起)位置(❶)。将内存条垂直地用劲插到底。每一条 DIMM 槽的两旁都有一个卡齿(❷),当内存缺口对位正确,且插接到位之后,这两个卡齿会自动将内存条卡住。如果要卸下内存,只需向外搬动两个卡齿,内存条即会自动从 DIMM 槽中脱出。

图 2.13

(3) 主板安装

打开机箱的侧板,把机箱平放在桌子上。先将机箱提供的主板垫脚螺母安放到机箱主板托架的对应位置(有些机箱购买时就已经安装)。把已经安装好 CPU、内存条的主板放进机箱,将主板有 PCI 插槽(图中主板上的白色插槽)的一方对着机箱后板放下,并大致将串、并口,鼠标、键盘接口(可装上主板自带的接口挡板)对准机箱背板上的对应插口,如果均已一一对应后,先将金属螺丝套上纸质绝缘垫圈加以绝缘,再用螺丝刀旋入此金属螺柱内,将主板固定在机箱内。如图 2.14 所示。

图 2.14

(4) 硬盘安装

在安装好 CPU、内存条之后,我们需要将硬盘固定在机箱的 3.5 寸硬盘托架上。对于普通的机箱,我们只需要将硬盘放入机箱的硬盘托架上,拧紧螺丝使其固定即可。很多用户使用了可拆卸的 3.5 寸机箱托架,这样安装起硬盘来就更加简单。

(5) 显卡安装

用手轻握显卡两端,垂直对准主板上的显卡插槽,向下轻压到位后,再用螺丝固定即完成了显卡的安装过程,安装过程在这里就不作过多的介绍了。

(6) 电源、光驱安装

安装光驱的方法与安装硬盘的方法大致相同,对于普通的机箱,我们只需要将机箱 4.25 寸的托架前的面板拆除,并将光驱放入对应的位置,拧紧螺丝即可。

机箱电源的安装,方法比较简单,放入到位后,拧紧螺丝即可,在这里就不作过多的介绍了。

(7) 连接主板各种线缆

这一步要注意,不要插错,要在主板上仔细对照插口。各种插口如图 2.15 所示。

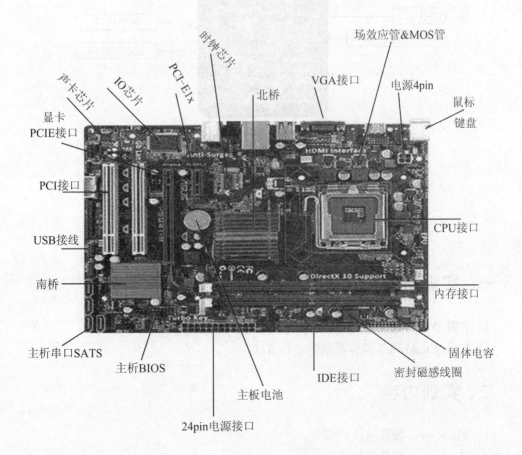

图 2.15

四、技能拓展

认识电脑接口

电脑的主机组装完毕以后,需要通过不同的连接线把主机、显示器、音箱等不同的外部设备连接起来,组成一台完整的计算机,电脑的主机后面的不同接口分别对应不同的设备,如图 2.16 所示。电脑接口在连接时只要按照颜色、接口形状连接就能很快完成。

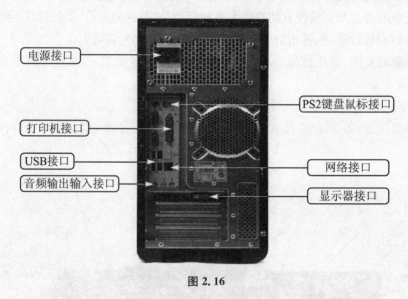

图 2.16

实训二　安装 Windows 7 操作系统

一、实训目的

(1) 掌握 Windows 7 操作系统的安装方法。
(2) 掌握 Windows 7 操作系统的备份方法。

二、实训内容

(1) Windows 7 操作系统的安装。
(2) Windows 7 操作系统的备份。

三、实训步骤

操作 1　Windows 7 操作系统的安装

1. 安装前的准备

在安装 Windows 7 之前,需要通过 BIOS 设置光盘为第一启动盘,操作步骤如下。

(1) 在计算机启动过程中根据界面上的提示按下 Delete 键不放,之后会进入 CMOS 设置界面,通过键盘上的方向键选择 Advanced BIOS Feature 选项,然后按 Enter 键,如图2.17所示。

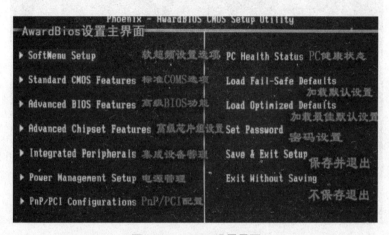

图 2.17　CMOS 设置界面

(2) 进入 BIOS 设置界面,用方向键盘选择 First Boot Device 选项,然后按 Enter 键;在弹出的列表中用方向键选择 CDROM 选项,然后按 Enter 键,第一启动盘就被设置成光盘,如图 2.18 所示。

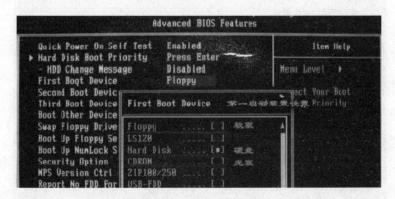

图 2.18　BIOS 设置界面

(3) 按 ESC 键退出 BIOS 设置,回到主界面。用方向键选择 SAVE&Exit Setup 选项,按 Enter 键,在弹出的对话框中按"Y"键,然后按 Enter 键,即可完成设置。

(4) 进入不同的 BIOS 的方法可能也会有不同。一般情况下是按 Delete 键进入 BIOS,

有的是按 F2 键或 Tab 键进入 BIOS 的。一般开机后屏幕左下角会出现 Press <某键> To Enter Setup 的提示，按照提示按相应的键即可进入 BIOS。

2. 安装 Windows 7

设置好启动顺序后，将 Windows 7 安装盘放入光驱中，然后重新启动计算机，根据提示按任意键从 DVD 光驱启动，之后进入 Windows 7 的安装过程。

（1）系统通过光盘引导之后，进入 Windows 7 的初始安装界面，如图 2.19 所示。

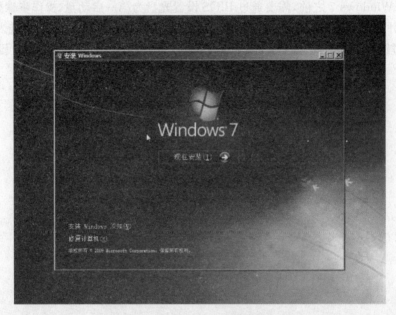

图 2.19　Windows 7 的初始安装界面

（2）单击"现在安装"按钮，弹出如图 2.20 所示的对话框。

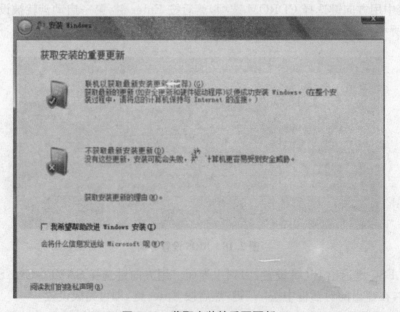

图 2.20　获取安装的重要更新

（3）双击第二个选择项，弹出如图 2.21 所示的对话框。进入协议许可界面，选中"我接受许可条款"复选框，单击"下一步"按钮，即进入安装方式选择界面，单击"自定义（高级）"选项，如图 2.22 所示。

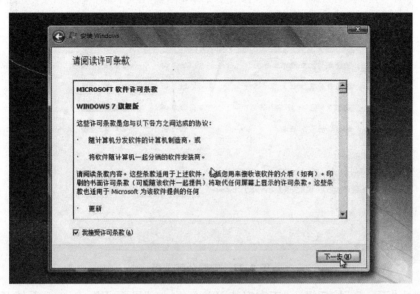

图 2.21　协议许可界面

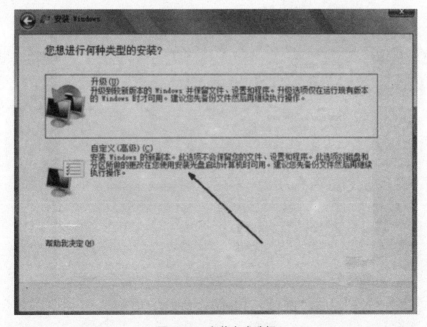

图 2.22　安装方式选择

（4）指定操作系统的安装位置。此时可以选择硬盘中的已有分区，或者使用硬盘上的未占用空间创建分区，如图 2.23 所示。

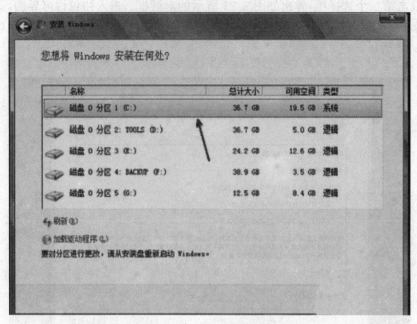

图 2.23 安装分区选择

(5) 单击"下一步"按钮进入"正在安装 Windows…"界面,Windows 7 系统开始安装操作,并且依次完成安装功能、安装更新等步骤,如图 2.24 所示。

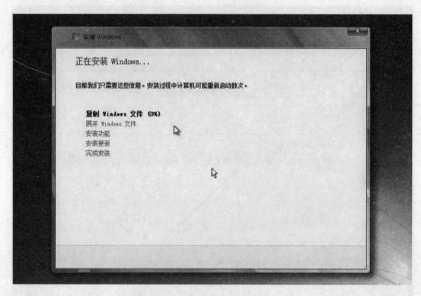

图 2.24 Windows 7 的安装过程

(6) 安装完成后,系统弹出如图 2.25 所示的对话框。

项目二　轻松驾驭计算机　　19

图 2.25　Windows 7 国家与地区设置

（7）单击"下一步"按钮进入创建用户名界面，在"输入用户名"文本框中输入用户名，在"输入计算机名"文本框中输入计算机名，或者保持默认也可，如图 2.26 所示。

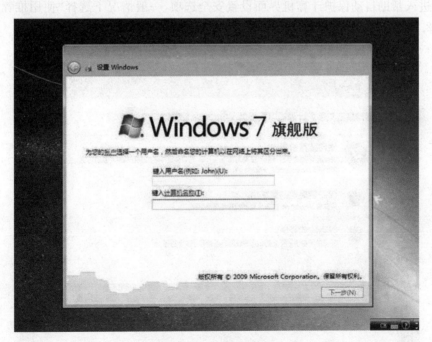

图 2.26　创建用户名

（8）单击"下一步"按钮进入输入密钥界面，输入正确的产品密钥，单击"下一步"按钮继续；若只是使用测试版，则无需输入产品密钥，直接单击"下一步"按钮，如图 2.27 所示。

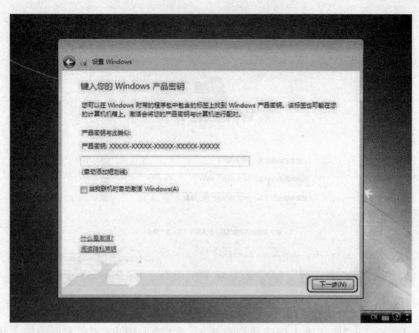

图 2.27　输入密钥

（9）进入帮助自动保护计算机界面设置安全选项，一般情况下选择"使用推荐设置"选项，如图 2.28 所示。

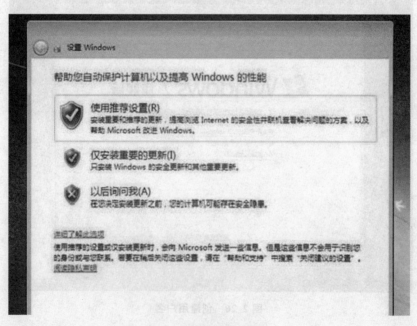

图 2.28　自动保护设置

（10）进入"查看时间和日期设置"界面，设置正确的时间和日期，如图 2.29 所示，当然也可以在安装成功后进行设置。

（11）系统进行最后的安装，直到出现 Windows 7 桌面时，安装即告完成。

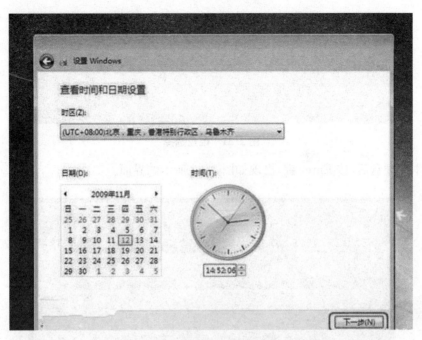

图 2.29 设置时间和日期

操作 2　Windows 7 操作系统的备份

1. 用 Ghost 备份系统

下载、启动 Ghost，依次执行 Local(本地)/Partition(分区)/To Image(生成映像文件)命令，如图 2.30 所示。

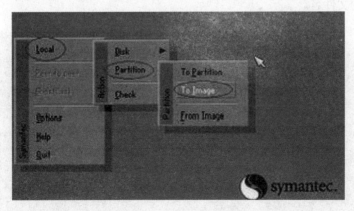

图 2.30 备份分区菜单

然后按 Enter 键出现如图 2.31 所示的界面。

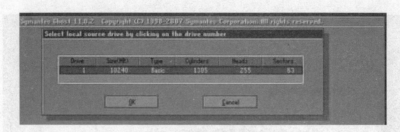

图 2.31　硬盘选择

选择本地硬盘后，按 Enter 键，出现如图 2.32 所示的界面。

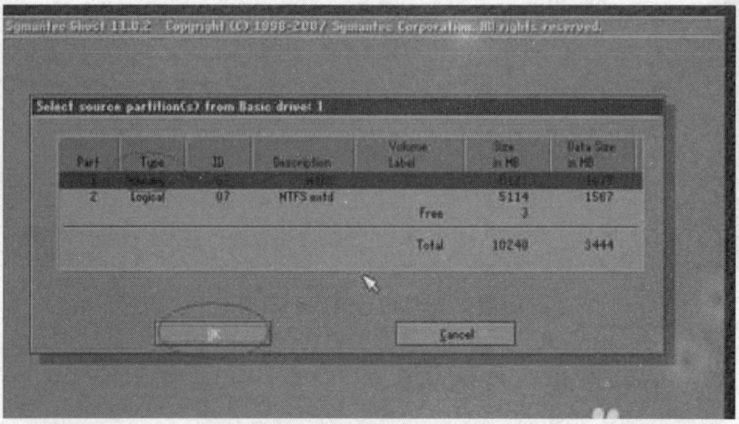

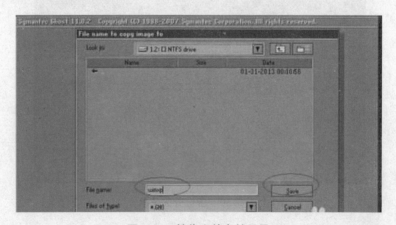

图 2.32　选择源分区

将蓝色光条选定到要制作镜像文件的分区上，选择源分区，按 Enter 键确认要选择的源分区，单击 OK 按钮，再按 Enter 键进入镜像文件存储目录，如图 2.33 所示，在 File Name 处输入镜像文件的文件名。

图 2.33　镜像文件存储目录

单击 Save 按钮，然后再按 Enter 键，就会出现"是否压缩镜像文件"对话框，如图 2.34 所示。一般单击 Fast 按钮即可。

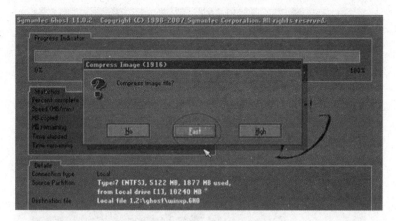

图 2.34 "是否压缩镜像文件"对话框

Ghost 开始制作镜像文件,如图 2.35 所示。

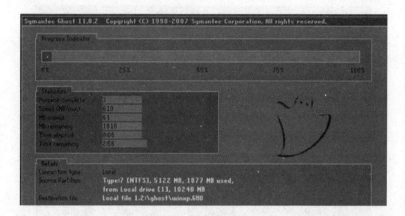

图 2.35 创建镜像文件

建立镜像文件成功后,会出现提示创建成功窗口。

四、技能拓展

Windows 7 操作系统的还原

如果用户先前对 Windows 7 系统分区做了 Ghost 备份,那么以后在系统出现故障需要重装系统时,就可以利用已备份的镜像文件来恢复系统。

Windows 7 还原过程如下:

(1) 把计算机设为光驱启动,使用带有 Ghost 程序的系统启动光盘引导并启动 Ghost 程序,在 Ghost 主界面依次执行"Local"→"Partition"→"FromImage"命令。如图 2.36 所示。

(2) 接着选择镜像文件的存放位置,并选中要还原的镜像文件,然后单击"Open"按钮。如图 2.37 所示。

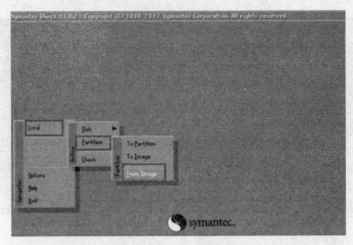

图 2.36 "FromImage"命令

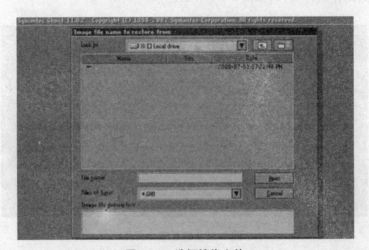

图 2.37 选择镜像文件

(3) 接下来从镜像文件中选择源分区,然后选择恢复到的目标硬盘。接下来选择需要恢复到的目标分区,这里选择主 DOS 分区(Primary),然后单击"OK"。如图 2.38 所示。

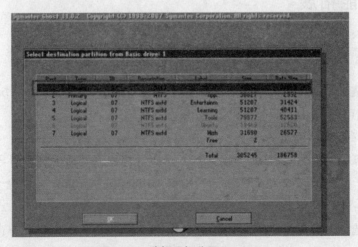

图 2.38 选择目标分区 Primary

(4) 接下来会弹出一个确认对话框,询问是否继续,确认无误后将光标移到"Yes"按钮并按 Enter 键,程序就开始恢复分区。如图 2.39 所示。

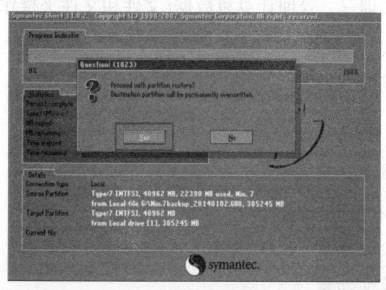

图 2.39 恢复分区

(5) 恢复完毕程序会提示用户重新启动计算机以使设置生效,选择"Reset Computer"按钮并按 Enter 键,重新启动计算机即可。如图 2.40 所示。

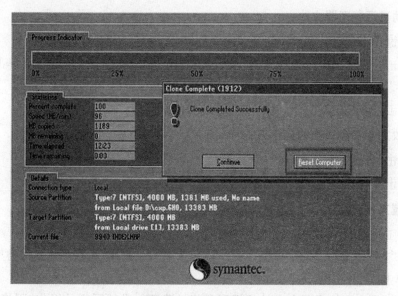

图 2.40 重启计算机

实训三 管理计算机数据(文件和文件夹操作)

一、实训目的

熟练使用资源管理器管理文件和文件夹。

二、实训内容

1. 资源管理器的基本操作。
2. 文件、文件夹的管理。

三、实训步骤

操作1 资源管理器的基本操作

1. 启动资源管理器方法

(1) 右键单击"开始"菜单按钮→单击"打开 Windows 资源管理器"命令;

(2) 单击"开始"菜单按钮→单击"所有程序"按钮→单击"附件"按钮→单击"Windows 资源管理器"命令;

(3) 单击任务栏中的"Windows 资源管理器"按钮。

2. 更改文件在窗口中的显示方式

(1) 单击"查看"菜单→选择显示方式;

(2) 单击工具栏中"视图"按钮的左侧。

3. 设置文件夹选项

(1) 在工具栏上,单击"组织"按钮→选择"文件夹和搜索选项";

(2) 在"文件夹选项"对话框→单击"查看"选项卡→选择"隐藏已知文件类型的扩展名"复选框→单击"应用"按钮→单击"确定"按钮。

资源管理器右窗格中所有文件的扩展名将被隐藏。进行同样的操作,再将所有文件的扩展名显示出来。

操作2 文件和文件夹的管理

1. 选取文件或文件夹

(1) 单个:单击;

(2) 连续多个：Shift＋单击；
(3) 不连续多个：Ctrl＋单击；
(4) 全部选择对象：Ctrl＋A；
(5) 矩形选定法：在右窗格中按住鼠标左键不放。

2. 撤销选择文件或文件夹

(1) 全部撤销：单击其他地方；
(2) 撤销一个：按住 Ctrl，单击要撤销的文件。

3. 新建文件或文件夹

(1) 单击工具栏上的"新建文件夹"命令；
(2) 单击右窗格空白处单击右键→在快捷菜单中依次单击"新建"→新建各种类型文件；
(3) 单击"文件"菜单→单击"新建"命令→新建文件夹或各种文件。

4. 重命名文件或文件夹

(1) 在右窗格空白处单击右键→在快捷菜单中单击"重命名"命令；
(2) 单击"文件"菜单→单击"重命名"命令；
(3) 两次单击文件名（中间稍作停顿）→输入新文件名。

5. 复制、移动文件或文件夹

右键单击文件或文件夹，在弹出的快捷菜单中选中"复制"命令／"剪切"命令→右键单击目标位置→在快捷菜单中选中"粘贴"命令。

6. 删除和恢复文件或文件夹

(1) 右键单击，在弹出的快捷菜单中选中"删除"命令→在"确认文件删除"对话框中进行选择；
(2) 单击"文件"菜单→单击"删除"命令；
(3) 单击文件或文件夹名，敲击键盘上的"Delete"键；
(4) 在桌面上打开"回收站"→选中对象→单击回收站工具栏上"还原此项目"按钮，将该文件还原到原来位置；
(5) 打开回收站，单击工具栏上的"清空回收站"按钮，在弹出的确认删除对话框中单击"是"，将回收站的内容彻底清空，这样被删除的文件将不能再恢复。

7. 查找文件和文件夹

(1) 在"资源管理器"左窗格单击磁盘→在搜索框输入搜索对象，观察搜索结果；
(2) 可以使用通配符来查找。＊和？称为通配符。

8. 创建快捷方式

在桌面上右键单击空白位置→在弹出的捷菜单中选择"新建"→"快捷方式"命令→在弹出"创建快捷方式"对话框中单击"浏览"按钮→找到要建立快捷方式的文件→单击"下一步"按钮→在"键入该快捷方式的名称"对话框中输入名称→单击"完成"按钮。

四、技能拓展

格式化磁盘

(1) 将 U 盘插入主机箱 USB 接口;

(2) 在"资源管理器"中,选定可移动磁盘(如 I:),右击该图标,在弹出的快捷菜单中选取"格式化"命令,弹出"格式化"对话框;

(3) 在对话框中选择"快速格式化"后,单击"开始"按钮,系统将按要求对 U 盘进行格式化操作;

(4) 格式化完毕后单击"关闭"按钮。

提示:格式化会删除磁盘中的所有内容,因此格式化前一定要确认磁盘上的内容是否真的不再有用。

实训四　配置计算机

一、实训目的

熟练掌握 Windows 7 系统的个性化设置方法。

二、实训内容

Windows 7 系统的基本设置

三、实训步骤

操作 1　Windows 7 系统的基本设置

1. 更换桌面主题

大多数人使用 Windows 7 后的第一件事就是选择主题。主题元素中包括桌面图片、窗口颜色、快捷方式图表、工具包等。

操作步骤:在桌面空白处单击右键,点击弹出菜单中的个性化选项,系统中预先提供数十款不同的主题,用户可以随意挑选其中的任何一款。当然,你也可以新建一个主题,填充图片并设置字体等参数,最后点击保存完成操作,如图 2.41 示。

2. 创建桌面背景幻灯片

Windows 7 提供桌面背景变换功能,你可以将某些图片设置为备用桌面,并设定更换时间间隔。这么一来,每过一段时间后,系统会自动呈现出不同的桌面背景。

打开个性化面板

选择默认主题

图 2.41

操作步骤:在桌面空白处单击右键,点击弹出菜单中的个性化选项;点击桌面背景;选择图片位置列表;按住 Ctrl 键选择多个图片文件;设定时间参数和图片显示方式;最后点击"保存修改"即可,如图 2.42 所示。

图 2.42

3. 移动任务栏

任务栏通常默认放置在桌面的底部,如果你愿意,它可以被移动到桌面的任一个边角。

操作步骤:右键单击任务栏,选择属性,点击任务栏选项卡,在下拉列表中选择所需的位置,点击"确定",如图 2.43 所示。

4. 添加应用程序和文档到任务栏

Windows 7 的任务栏与旧版 Windows 有很大不同,旧版中任务栏只显示正在运行的某些程序。Windows 7 中还可添加更多的应用程序快捷图表,几乎可以把开始菜单中的功能移植到任务栏上。

操作步骤:点击"开始"→"资源管理器"→选择常用应用程序→右键选择"锁定到任务栏"即可。

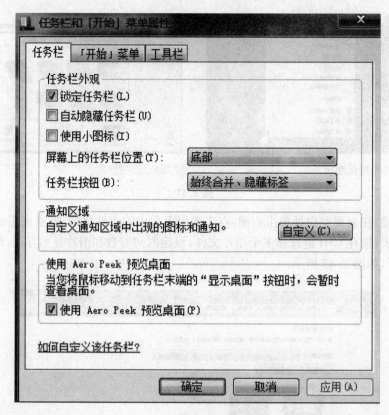

图 2.43

5. 自定义开始菜单

开始菜单中默认有我的文档、图片、设置等按钮。用户可以根据需要,重新排列项目或呈现方式,比如把常用的"控制面板"直接移动到上一级菜单中。

操作步骤:右键开始菜单,选择属性,自定义开始菜单,在弹出对话框中进行设置,点击"确定"保存,如图 2.44 所示。

6. 设置关机按钮选项

关机按钮中有如下按钮:关机、待机、睡眠、重启、注销、锁定,用户可以选择相应按钮来控制电脑的状态。

操作步骤:点击开始按钮,选择属性,选择开始菜单标签,在下拉列表中选择默认系统状态,点击确定保存。

7. 添加桌面小工具

Windows 7 用户可以在"小工具"中选择某项功能,然后将其放置在桌面的任何部位。时钟工具显示当前时间,天气工具则会自动报告本地区的气候情况。此外,微软还提供更多的在线支持服务。

操作步骤:右键单击桌面空白处,选择"小工具"(或"工具包"),双击某个工具即可完成添加。

8. 改变 Windows 7 默认程序

对于浏览器和视频播放器要求较高的用户,可以在 Windows 7 中重新定义默认程序。

项目二　轻松驾驭计算机

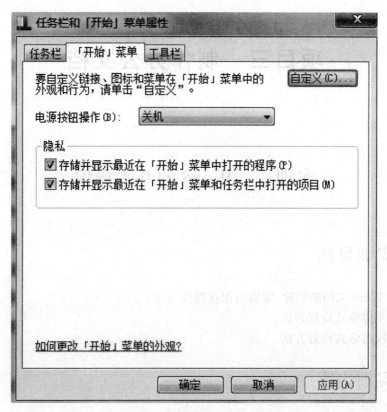

图 2.44

操作步骤：打开开始菜单，选择默认程序，设定程序访问和默认，单击下拉箭头展开自定义部分，最后保存。

四、技能拓展

（一）清除自动加载程序

Windows 首次运行后会自动加载一些程序和进程，其中有部分是可以屏蔽掉的。这样做的目的是减少系统不必要的负载，提高运行速度。

微软已经意识到这个问题，并发布了名为"Autoruns"的清理工具。用户使用后可以根据提示清除无用的进程，让系统轻装上阵。举例来说，驱动列表显示出所有已经运行的驱动程序，其中部分驱动是多余的，用户点击查看后可以直接将其清除掉。

（二）移除多余的系统组件

Antoruns 能清除掉无用的加载进程，但还有其他方法可以释放系统内存，比如关闭无用的 Windows 功能。

操作步骤：进入控制面板，选择添加删除程序，在系统组件中查看信息禁用部分功能，即使删除后仍可通过同样的方式恢复。

项目三　制作办公文档

实训一　Word 的基本操作

一、实训目的

1. 掌握 Word 文档的创建、编辑与保存操作方法。
2. 掌握字体格式设置方法。
3. 掌握段落格式设置方法。

二、实训内容

制作如图 3.1 所示的文章节选。
本实训所涉及的操作如下：
(1) 文档的创建与保存。
(2) 字体格式设置。
(3) 段落格式设置。
(4) 首字下沉。

三、实训步骤

操作 1　新建 Word 文档

首先启动 Word，选择"文件"→"新建"命令，在右侧窗口中选择"空白文档"，如图 3.2 所示，就可以新建一个空白文档。

操作 2　输入标题

在空白文档首行的光标位置输入文字"《孔乙己》节选"。

操作 3　设置标题格式

将标题格式设置为"楷体"、"二号字"、"居中对齐"、"字符间距加宽 5 磅"。具体操作如下：

《孔乙己》节选

孔乙己是站着喝酒而穿长衫的唯一的人。他身材很高大;青白脸色,皱纹间时常夹些伤痕;一部乱蓬蓬的花白的胡子。穿的虽然是长衫,可是又脏又破,似乎十多年没有补,也没有洗。他对人说话,总是满口之乎者也,教人半懂不懂的。因为他姓孔,别人便从描红纸上的"上大人孔乙己"这半懂不懂的话里,替他取下一个绰号,叫作孔乙己。孔乙己一到店,所有喝酒的人便都看着他笑,有的叫道,"孔乙己,你脸上又添上新伤疤了!"他不回答,对柜里说,"温两碗酒,要一碟茴香豆。"便排出九文大钱。他们又故意的高声嚷道,"你一定又偷了人家的东西了!"孔乙己睁大眼睛说,"你怎么这样凭空污人清白……""什么清白?我前天亲眼见你偷了何家的书,吊着打。"孔乙己便涨红了脸,额上的青筋条条绽出,争辩道,"窃书不能算偷……窃书!……读书人的事,能算偷么?"接连便是难懂的话,什么"君子固穷",什么"者乎"之类,引得众人都哄笑起来:店内外充满了快活的空气。

听人家背地里谈论,孔乙己原来也读过书,但终于没有进学,又不会营生;于是愈过愈穷,弄到将要讨饭了。幸而写得一笔好字,便替人家抄抄书,换一碗饭吃。可惜他又有一样坏脾气,便是好吃懒做。坐不到几天,便连人和书籍纸张笔砚,一齐失踪。如是几次,叫他钞书的人也没有了。孔乙己没有法,便免不了偶然做些偷窃的事。但他在我们店里,品行却比别人都好,就是从不拖欠;虽然间或没有现钱,暂时记在粉板上,但不出一月,定然还清,从粉板上拭去了孔乙己的名字。

孔乙己喝过半碗酒,涨红的脸色渐渐复了原,旁人便又问道,"孔乙己,你当真认识字么?"孔乙己看着问他的人,显出不屑置辩的神气。他们便接着说道,"你怎的连半个秀才也捞不到呢?"孔乙己立刻显出颓唐不安模样,脸上笼上了一层灰色,嘴里说些话;这回可是全是之乎者也之类,一些不懂了。在这时候,众人也都哄笑起来:店内外充满了快活的空气。

图 3.1 文章节选

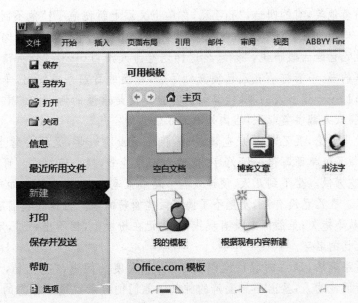

图 3.2 新建文档

选中标题文字,在"开始"选项卡中单击"字体"组右下角的"字体"按钮,打开"字体"对话框,如图3.3所示。在"中文字体"下拉列表框中选择"楷体",在字号列表框中设置字号为"二号",然后单击"段落"组中的"居中"按钮,使标题居中。如图3.4所示,切换到"高级"选项卡,在"间距"下拉列表框中选择"加宽",磅值设为"5磅"。

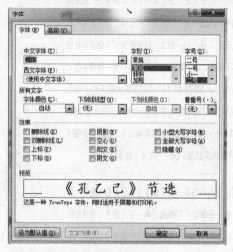

图3.3 字体设置

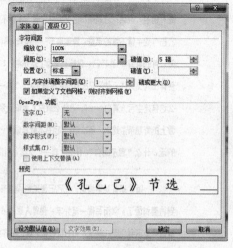

图3.4 字符间距设置

操作4 输入文章内容

输入如下文章内容:

孔乙己是站着喝酒而穿长衫的唯一的人。他身材很高大;青白脸色,皱纹间时常夹些伤痕;一部乱蓬蓬的花白的胡子。穿的虽然是长衫,可是又脏又破,似乎十多年没有补,也没有洗。他对人说话,总是满口之乎者也,教人半懂不懂的。因为他姓孔,别人便从描红纸上的"上大人孔乙己"这半懂不懂的话里,替他取下一个绰号,叫作孔乙己。孔乙己一到店,所有喝酒的人便都看着他笑,有的叫道,"孔乙己,你脸上又添上新伤疤了!"他不回答,对柜里说,"温两碗酒,要一碟茴香豆。"便排出九文大钱。他们又故意的高声嚷道,"你一定又偷了人家的东西了!"孔乙己睁大眼睛说,"你怎么这样凭空污人清白……""什么清白?我前天亲眼见你偷了何家的书,吊着打。"孔乙己便涨红了脸,额上的青筋条条绽出,争辩道,"窃书不能算偷……窃书!……读书人的事,能算偷么?"接连便是难懂的话,什么"君子固穷",什么"者乎"之类,引得众人都哄笑起来:店内外充满了快活的空气。

听人家背地里谈论,孔乙己原来也读过书,但终于没有进学,又不会营生;于是愈过愈穷,弄到将要讨饭了。幸而写得一笔好字,便替人家抄抄书,换一碗饭吃。可惜他又有一样坏脾气,便是好吃懒做。坐不到几天,便连人和书籍纸张笔砚,一齐失踪。如是几次,叫他抄书的人也没有了。孔乙己没有法,便免不了偶然做些偷窃的事。但他在我们店里,品行却比别人都好,就是从不拖欠;虽然间或没有现钱,暂时记在粉板上,但不出一月,定然还清,从粉板上拭去了孔乙己的名字。

孔乙己喝过半碗酒,涨红的脸色渐渐复了原,旁人便又问道,"孔乙己,你当真认识字么?"孔乙己看着问他的人,显出不屑置辩的神气。他们便接着说道,"你怎的连半个秀才也捞不到呢?"孔乙己立刻显出颓唐不安模样,脸上笼上了一层灰色,嘴里说些话;这回可是全是之乎者也之类,一些不懂了。在这时候,众人也都哄笑起来:店内外充满了快活的空气。

操作5 设置段落格式

如图3.5所示,将文章所有段落设置为首行缩进2个字符,段前间距1行、段后间距0.5行、1.5倍行距。

(1) 利用鼠标拖放,选中文章所有段落;

(2) 在"开始"选项卡中单击"段落"组右下角的"段落"按钮,打开"段落"对话框;

(3) 在"特殊格式"下拉列表框中,选中首行缩进,将度量值文本框的值设为"2个字符";

(4) 设置段前距为1行,段后距为0.5行;

(5) 在"行距"下拉列表框中,选择"1.5倍"行距。

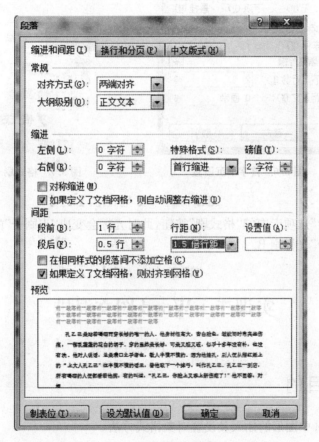

图3.5 段落格式设置

操作6 首字下沉

将正文第一段设置为首字下沉2行,下沉字体为华文行楷。

(1) 在"插入"选项卡中单击"文本"组中的"首字下沉"按钮,选择"首字下沉选项",打开"首字下沉"对话框,如图3.6所示。

(2) 单击"下沉"按钮,在"字体"下拉列表框中选择"华文行楷",下沉行数设为2行,再单击"确定"按钮。

四、技能拓展

格式刷(如图 3.7 所示)可以减少大量重复的格式设置工作,完成格式的复制功能。如果想要把 A 的格式复制到 B 上,只要如下简单的三步就可以完成。

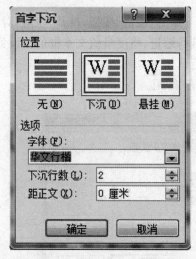

图 3.6 首字下沉设置

图 3.7 格式刷

(1) 选中 A;
(2) 单击"开始"选项卡中的"格式刷"按钮,此时光标会变成"小刷子"的形状;
(3) 用"小刷子"光标刷 B。

实训二 Word 图文混排

一、实训目的

(1) 掌握 Word 中图形的插入及设置对象格式方法。
(2) 掌握 Word 中文档中的图文混排方法。
(3) 掌握艺术字的使用方法。
(4) 掌握文本框的使用方法。
(5) 利用绘图工具栏绘制简单图形。

二、实训内容

(1) 插入与编辑图片。
(2) 图文混排。

(3) 插入和编辑艺术字。
(4) 在 Word 文档中插入和使用文本框。
(5) 绘制简单图形。

三、实训步骤

1. 新建 Word 文档，输入以下文字

宁国市山核桃具有粒大壳薄、核仁肥厚、含油量高、商品性佳的特点。目前全市山核桃面积已达 9300 公顷，最高年产量 3249 吨。而且随着山核桃基地规模扩大，运销、加工业应运而生，初步形成山核桃加工、销售体系，加工产品有椒盐、五香、奶油、多味山核桃和山核桃仁、山核桃油等系列产品，已形成超亿元的产业。1996 年宁国市被授予"中国山核桃之乡"的称号。

我国山核桃主要分布于皖浙交界的西天目山脉，属于稀特产品。宁国山核桃生产区域为天目山北麓乡村，以南极乡为最佳，其次有万家、庄村、胡乐等乡镇，分布范围达 20 个乡镇。

2. 插入艺术字标题

执行"插入/图片/艺术字"命令，弹出"艺术字库"对话框，选择所需样式，单击"确定"按钮，如图 3.8 所示

图 3.8

在"编辑艺术字文字"对话框中输入文字"舌尖上的宣城"，并设置字体为宋体、字号小初、加粗，如图 3.9 所示。

图 3.9 插入艺术字

单击选择该艺术字标题后，设置艺术字文本效果，如图 3.10 所示。

图 3.10

3. 插入剪贴画

将插入点定位于第一段开始,执行"插入"→"图片"→"剪贴画"命令。在"剪贴画"任务窗格中选择图片。

双击该剪贴画后,在"设置图片格式"对话框中选择"大小"选项卡,锁定纵横比后,将高度与宽度均缩小为原来的 50%。

在"版式"选项卡中将环绕方式改为"紧密型"。

单击"确定"按钮,返回 Word 文档。效果如图 3.11 所示。

宁国市山核桃具有粒大壳薄、核仁肥厚、含油量高、商品性佳的特点。目前全市山核桃面积已达9300公顷,最高年产量3249吨。而且随着山核桃基地规模扩大,运销加工业应运而生,初步形成山核桃加工、销售体系,加工产品有椒盐、五香、奶油、多味山核桃和山核桃仁、山核桃油等系列产品,已形成超亿元的产业。1996 年宁国市被授予"中国山核桃之乡"的称号。

我国山核桃主要分布于皖浙交界的西天目山脉,属于稀特产品。宁国山核桃生产区域为天目山北麓乡村,以南极乡为最佳,其次有万家、庄村、胡乐等乡镇,分布范围达 20 个乡镇。

图 3.11

4. 插入自选图形

单击"绘图"工具栏上的"自选图形"按钮(如图 3.12 所示),从"标注"中选择"椭圆形标注"项。鼠标指针变成十字形状,拖动画出椭圆形标注,如图 3.13 所示。

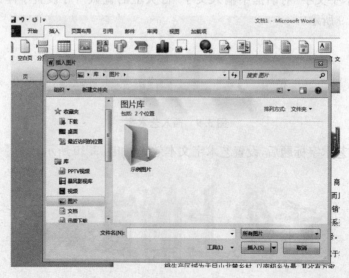

图 3.12

桃面积已达 9300 公顷,最高年产量
而且随着山核桃基地规模扩大,
比应运而生,初步形成山核桃加工
加工产品有
山核桃
中国山核
目山脉,属于
国山核
其次有万家、庄村、胡乐等乡镇,

图 3.13

在标注内输入"宣城美食",设置字体大小及字体,并通过"绘图"工具栏上的"艺术字"按钮设置文字艺术字样式,调整为"紧密型",将其移至合适位置。如图 3.14 所示。

图 3.14

最终如图 3.15 所示。

图 3.15

四、技能拓展

在上述排版的基础上,学习分栏格式排版,效果如图 3.16 所示。

舌尖上的宣城

宁国市山核桃具有粒大壳薄、核仁肥厚、含油量高、商品性佳的特点。目前全市山核桃面积已达 9300 公顷,最高年产量 3249 吨。而且随着山核桃基地规模扩大,运销加工业应运而生,初步形成山核桃加工、销售体系,加工产品有椒盐、五香、奶油、多味山核桃和山核桃仁、山核桃油等系列产品,已形成超亿元的产业。1996 年宁国市被授予"中国山核桃之乡"的称号。

我国山核桃主要分布于皖浙交界的西天目山脉,属于稀特产品。宁国山核桃生产区域为天目山北麓乡村,以南极乡为最佳,其次有万家、庄村、胡乐等乡镇,分布范围达 20 个乡镇。

图 3.16

实训三　制作学生成绩表

一、实训目的

(1) 掌握表格的制作方法。
(2) 掌握表格格式的设置方法。
(3) 掌握公式的使用方法。

二、实训内容

制作如图 3.17 所示的学生期末成绩表。
本实训所涉及的操作如下:
(1) 表格制作。
(2) 表格格式设置。

学生期末成绩表

班级　13计算机应用（1）班　　　　　　　　　　2014年7月5日

科目 成绩	大学语文	高等数学	英语	C语言	总分
孙善泉	69	77	96	93	335
仲严	70	88	67	87	312
何芙菱	95	98	82	73	348
曹阳	68	67	58	88	281
张安晨	80	89	99	77	345
陈远	71	55	45	74	245
平均分	75.5	79	74.5	82	311

图 3.17　学生期末成绩表

（3）公式计算。
（4）表格和文字转换。

三、实训步骤

操作1　标题格式设置

输入标题文字"学生期末成绩表"，将格式设置为"华文隶书"、"小一"、"加粗"、"居中对齐"。

操作2　插入日期

（1）输入文字"班级＿＿＿＿＿＿＿＿＿"，再选择"插入"选项卡中的"文本"组中的"日期和时间"命令，打开"日期和时间"对话框。
（2）如图3.18所示，在"语言"下拉列表框中选择"中文（中国）"，在"可用格式"中选择"××××年×月×日"日期格式。

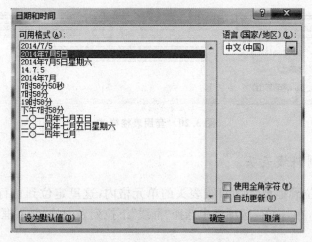

图 3.18　"日期和时间"对话框

(3) 设置"班级"和"日期"所在段落的"段后间距"为"0.5行"。

图 3.19 "插入表格对话框"

操作 3　插入表格

(1) 在"插入"选项卡中单击"表格"组中的"表格"按钮,再选择"插入表格"命令,打开"插入表格"对话框。

(2) 如图 3.19 所示,设置"列数"为"6",设置"行数"为"8",单击"确定"按钮,插入表格。

操作 4　套用表格样式

(1) 选中表格,选择"设计"选项卡中的"表格样式"组右侧的下拉箭头,在"内置"样式中选择"浅色网格"样式(第 3 行的第 1 个),如图 3.20 所示。

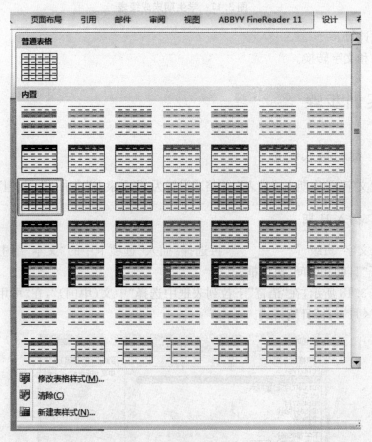

图 3.20　套用表格样式

操作 5　绘制斜线表头

(1) 将光标定位到需要添加斜线表头的单元格内,这里定位到首行第一个单元格中。选择"开始"选项卡,在"段落"选项组中选择"框线"下拉列表中的"斜下框线"命令,如图 3.21 所示。

图 3.21　绘制斜线表头

(2) 在表头中利用"绘制文本框"命令的方法分别输入行标题"科目"和列标题"姓名",适当调整文本框位置,同时将文本框边框线条颜色设置成"无颜色"。

(3) 在表格中填入学生的姓名以及各科目的成绩,最终效果如图 3.22 所示。

学生期末成绩表

班级　13计算机应用（1）班　　　　　　　　　　2014年7月5日

科目\成绩	大学语文	高等数学	英语	C语言	总分
孙善泉	69	77	96	93	
仲严	70	88	67	87	
何美菱	95	98	82	73	
曹阳	68	67	58	88	
张安晨	80	89	99	77	
陈远	71	55	45	74	
平均分					

图 3.22　学生成绩表

操作6　公式计算

(1) 将光标定位在B8单元格,选择"布局"选项卡"数据"组中的"公式"命令,打开"公式"对话框。

(2) 如图3.23所示,在"公式"文本框中输入"=AVERAGE(ABOVE)",单击"确定"按钮。

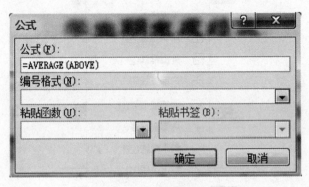

图3.23　"公式"对话框

操作7　公式复制

(1) 将光标选中位于B8单元格中刚获得的计算结果,选择右键菜单"切换域代码"命令,B8单元格内容变成如图3.24所示的代码形式。

班级	13计算机应用（1）班				2014年7月5日
成绩＼科目	大学语文	高等数学	英语	C语言	总分
孙善泉	69	77	96	93	
钟严	70	88	67	87	
何美萎	95	98	82	73	
曹阳	68	67	58	88	
张安晨	80	89	99	77	
陈远	71	55	45	74	
平均分	{=AVERAGE(ABOVE)}				

图3.24　切换域代码

(2) 将B8单元格中的"域代码"复制到C8到E8的各单元格中。

(3) 选择右键菜单中的"更新域"菜单项,重新计算结果。

操作8　计算总分

(1) 将光标定位于F2单元格,选择"布局"选项卡"数据"组中的"公式"命令,打开"公式"对话框。

(2) 在"公式"文本框中输入"=SUM(LEFT)",单击"确定"按钮。

（3）将光标选中位于 F2 单元格中刚获得的计算结果，选择右键菜单"切换域代码"命令，F2 单元格内容变成代码形式。

（4）将 F2 单元格中的"域代码"复制到 F3 到 F8 的各单元格中。

（5）选择右键菜单中的"更新域"菜单项，重新计算结果，最终结果如图 3.25 所示。

学生期末成绩表

班级 13计算机应用（1）班					2014年7月5日
科目 成绩	大学语文	高等数学	英语	C语言	总分
孙善泉	69	77	96	93	335
仲严	70	88	67	87	312
何美菱	95	98	82	73	348
曹阳	68	67	58	88	281
张安晨	80	89	99	77	345
陈远	71	55	45	74	245
平均分	75.5	79	74.5	82	311

图 3.25 成绩表

四、技能拓展

在很多时候，需要把表格转换成文字，这样就可以把表格内容文字保存成 .txt 文件，放到手机、MP4 等工具中浏览。具体做法如下：

（1）选择表格，选择"布局"选项卡"数据"组中的"转换为文本"命令，如图 3.26 所示，打开"表格转换为文本"对话框。

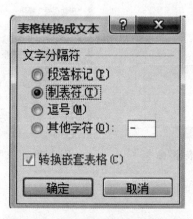

图 3.26 "表格转换为文本"对话框

（2）选中"制表符"单选按钮，单击"确定"按钮，表格将被转换为文字，删除"斜线表头"后，效果如图 3.27 所示。

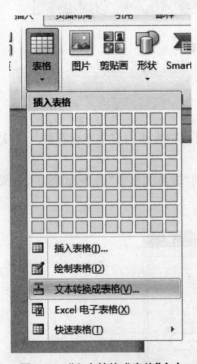

图 3.27 转换后的文本

(3) 选中表格内容文字,在"插入"选项卡中单击"表格"组中的"表格"按钮,再选择"文本转换成表格"命令(如图 3.28 所示),打开"文字转换成表格"对话框(如图 3.29 所示),也可将文本转换成表格。

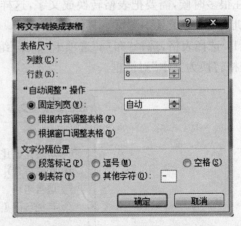

图 3.28 "文本转换成表格"命令　　图 3.29 "文字转换成表格"对话框

项目四 制作电子报表

实训一 Excel 2010 基本操作

一、实训目的

(1) 掌握工作簿、工作表的基本操作技巧。
(2) 掌握各种数据的输入方法。
(3) 掌握 Excel 的格式设置方法。

二、实训内容

制作一份电子通讯录,如图 4.1 所示。

同学通讯录					
姓名	性别	生日	手机号	QQ号	所在城市
张小天	男	1982/9/16	13900000001	30000001	合肥
黎萍	女	1982/7/7	13900000002	30000002	黄山
艾菲菲	女	1979/3/28	13900000003	30000003	芜湖
邢国强	男	1983/12/2	13900000004	30000004	宣城
戴薇薇	女	1980/3/23	13900000005	30000005	桐城
王紫萱	女	1980/11/2	13900000006	30000006	芜湖
黄巍	男	1982/8/25	13900000007	30000007	芜湖
孙静婧	女	1980/7/5	13900000008	30000008	马鞍山
文强	男	1983/2/13	13900000009	30000009	合肥
郭凯	男	1979/11/25	13900000010	30000010	安庆
陈丹	女	1983/1/22	13900000011	30000011	淮北
韩雪	女	1980/12/11	13900000012	30000012	舒城
邵丽丽	女	1982/10/1	13900000013	30000013	宣城
俞成	男	1983/6/30	13900000014	30000014	芜湖
刘家耀	男	1981/5/1	13900000015	30000015	马鞍山
龚佳佳	女	1980/3/2	13900000016	30000016	黄山

图 4.1 通讯录效果图

三、实训步骤

操作 1　输入表格数据

(1) 新建文件"同学通讯录.xlsx",将工作表 Sheet1 重命名为"通讯录"。

(2) 在 A1 单元格中输入"同学通讯录",选择数据区域 A1:F1,单击"合并及居中"按钮,设置文字为"宋体"、"22 号"、"加粗",设置行高为"35"。

(3) 在 A2:F2 区域的每个单元格中分别输入列标题"姓名"、"性别"、"生日"、"手机号"、"QQ 号"、"所在城市",设置字体为"黑体",字号为"12 号",设置行高为"18"。

(4) 选择数据区域 C3:C18,在"开始"菜单的"单元格"面板中单击"格式"按钮,在下拉列表中选择"设置单元格格式",选择"数字"选项卡,设置"分类"为"日期",类型为"*2001/3/4",单击"确定",如图 4.2 所示。

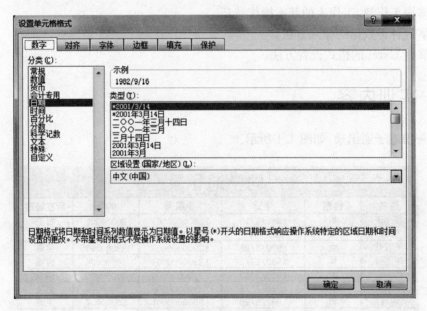

图 4.2　设置"日期"型数据区域

(5) 用步骤(4)的方法,将数据区域 D3:E18 设置为"文本"型数据区域。

(6) 设置 A 列、B 列、F 列的列宽为"10",设置 C 列、D 列的列宽为"15",设置 E 列的列宽为"12",在表中输入数据,选择数据区域 A2:F18,单击"开始"菜单中"对齐方式"面板中的"居中"按钮,最后的效果如图 4.3 所示。

操作 2　表格的外观设置

(1) 选择 A1 单元格,在"开始"菜单的"单元格"面板中单击"格式"按钮,在下拉列表中选择"设置单元格格式",选择"填充"选项卡,单击"其他颜色"按钮,在打开的"颜色"对话框中选择"自定义"选项卡,设置填充颜色为 RGB(204,153,255),如图 4.4 所示。

图 4.3 输入数据

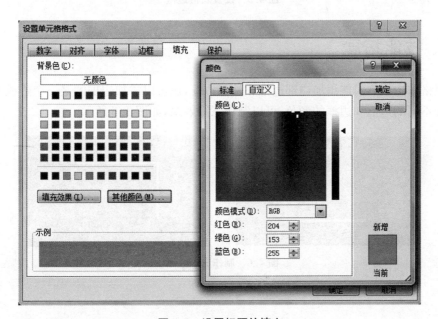

图 4.4 设置标题的填充

(2) 按步骤(1)的方法,设置数据区域 A2:F2 的填充颜色为 RGB(204,255,255),数据区域 A3:A18 的填充颜色为 RGB(250,191,143),数据区域 B3:F18 的填充颜色为 RGB(255,255,153)。

(3) 选择数据区域 A2:F18,在"开始"菜单的"单元格"面板中单击"格式"按钮,在下拉列表中选择"设置单元格格式",选择"边框"选项卡,设置外边框和内边框都为细实线,如图 4.5 所示。

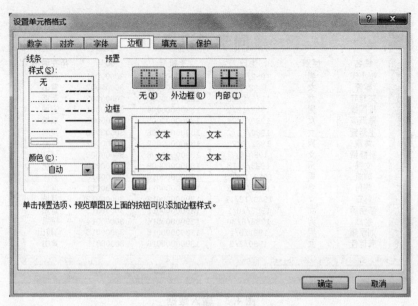

图 4.5　设置表格边框

四、技能拓展

给表格加边框不但能添加内部边框和外部边框，还可以添加边框的某一个边或几个边。通过添加不同的边框和边框的颜色，可以制作三维效果，如图 4.6 所示。

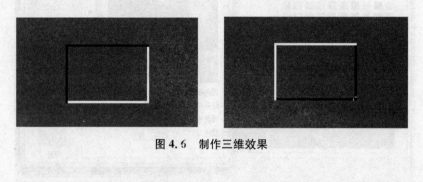

图 4.6　制作三维效果

实训二　公式与函数的应用

一、实训目的

(1) 掌握公式的用法。
(2) 掌握函数的用法。
(3) 掌握排序的用法。
(4) 掌握筛选的用法。

二、实训内容

制作学生的成绩分析表,如图 4.7 所示。

	A	B	C	D	E	F	G	H	I	J	K	L
1	成绩分析表											
2	学号	姓名	性别	语文	数学	英语	化学	物理	生物	总分	平均分	名次
3	2009004	丁浩宇	男	70	90	66	85	88	93	492	82.00	1
4	2009007	金莎	女	80	82	89	75	77	80	483	80.50	2
5	2009012	贝林	男	62	93	59	95	90	79	478	79.67	3
6	2009001	程新阳	男	67	78	88	78	70	90	471	78.50	4
7	2009013	黎梅雪	女	48	98	54	95	92	80	467	77.83	5
8	2009009	韩语	女	89	86	78	87	56	65	461	76.83	6
9	2009018	邵峰	男	43	89	40	98	95	96	461	76.83	7
10	2009014	王晴晴	女	56	70	74	78	82	87	447	74.50	8
11	2009002	雷雨欣	女	79	60	65	76	75	65	420	70.00	9
12	2009016	方家梅	女	90	45	57	60	74	90	416	69.33	10
13	2009005	谭金	男	63	65	66	70	74	72	410	68.33	11
14	2009011	陈小鸥	女	60	61	72	70	59	70	392	65.33	12
15	2009017	夏露	女	71	45	52	78	50	85	381	63.50	13
16	2009015	黄强	男	76	54	44	45	76	81	376	62.67	14
17	2009010	张薇薇	女	65	77	64	70	45	49	370	61.67	15
18	2009003	陈畅	男	60	55	56	75	45	69	360	60.00	16
19	2009006	蔡沛	男	50	60	70	67	35	40	322	53.67	17
20	2009008	王星辰	男	52	46	60	54	50	56	318	53.00	18
21												
22	总人数	18				60分以下	2					
23	男生人数	9	男生总分	3688		60～70	7					
24	女生人数	9	女生总分	3837		70～80	7					
25						80分以上	2					

Sheet1 Sheet2 Sheet3

图 4.7　成绩分析表效果图

三、实训步骤

操作 1　输入表格数据

(1) 新建文件“成绩分析表.xlsx”,将工作表 Sheet1 的 A1 单元格中输入“成绩分析表”,设置字体为“宋体”、“22 号”,将数据区域 A1:I1 合并及居中,设置行高为“35”。

(2) 将数据区域 A3:A20 设置为“文本”型区域,输入所有数据,选择数据区域 A2:I2,设置居中对齐,如图 4.8 所示。

	A	B	C	D	E	F	G	H	I	J
1	成绩分析表									
2	学号	姓名	性别	语文	数学	英语	化学	物理	生物	
3	2009001	程新阳	男	67	78	88	78	70	90	
4	2009002	雷雨欣	女	79	60	65	76	75	65	
5	2009003	陈畅	男	60	55	56	75	45	69	
6	2009004	丁浩宇	男	70	90	66	85	88	93	
7	2009005	谭金	男	63	65	66	70	74	72	
8	2009006	蔡沛	男	50	60	70	67	35	40	
9	2009007	金莎	女	80	82	89	75	77	80	
10	2009008	王星辰	男	52	46	60	54	50	56	
11	2009009	韩语	女	89	86	78	87	56	65	
12	2009010	张薇薇	女	65	77	64	70	45	49	
13	2009011	陈小鸥	女	60	61	72	70	59	70	
14	2009012	贝林	男	62	93	59	95	90	79	
15	2009013	黎梅雪	女	48	98	54	95	92	80	
16	2009014	王晴晴	女	56	70	74	78	82	87	
17	2009015	黄强	男	76	54	44	45	76	81	
18	2009016	方家梅	女	90	45	57	60	74	90	
19	2009017	夏露	女	71	45	52	78	50	85	
20	2009018	邵峰	男	43	89	40	98	95	96	
21										

Sheet1 Sheet2 Sheet3

就绪　100%

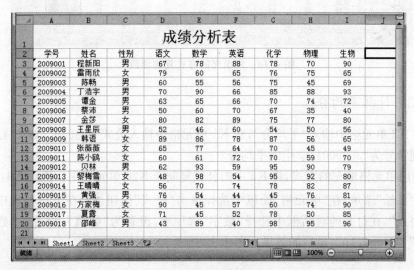

图 4.8　输入数据

操作2　计算总分

(1) 在J2单元格中输入"总分",并设置为居中对齐。选择J3单元格,在"公式"菜单中的"函数"面板中单击"自动求和"按钮 Σ,使用自动求和函数计算学号为"2009001"学生的总分,如图4.9所示。

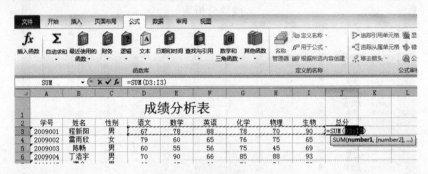

图4.9　利用函数求总分

(2) 利用单元格填充的方式,将J3单元格中的函数复制至J20单元格,最后的效果如图4.10所示。

图4.10　用填充的方式复制函数

操作3　计算平均分

(1) 在K2单元格中输入"平均分",在K3单元格中输入公式"=J3/6",如图4.11所示,回车后得到学号为"2009001"学生的平均分。

(2) 利用单元格填充的方式,将K3中的公式复制至K20单元格中。选择K3:K20数据区域,单击"开始"菜单,在"单元格"面板中选择单击"格式"按钮,在下拉列表中选择"设置单元格格式",在打开的对话框中选择"数字"选项卡,设置为"数值",设置"小数位数"为"2","负数"为"1234.10",最后的效果如图4.12所示。

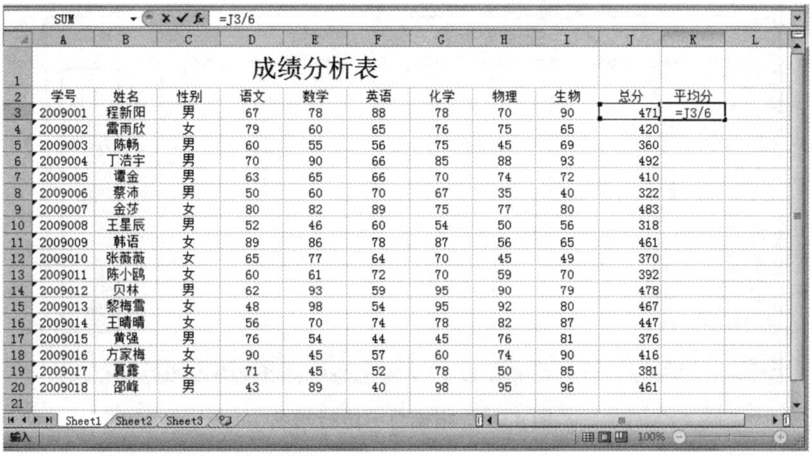
SUM　=J3/6

成绩分析表

学号	姓名	性别	语文	数学	英语	化学	物理	生物	总分	平均分
2009001	程新阳	男	67	78	88	78	70	90	471	=J3/6
2009002	雷雨欣	女	79	60	65	76	75	65	420	
2009003	陈畅	男	60	55	56	75	45	69	360	
2009004	丁浩宇	男	70	90	66	85	88	93	492	
2009005	谭金	男	63	65	66	70	74	72	410	
2009006	蔡沛	男	50	60	70	67	35	40	322	
2009007	金莎	女	80	82	89	75	77	80	483	
2009008	王星辰	男	52	46	60	54	50	56	318	
2009009	韩语	女	89	86	78	87	56	65	461	
2009010	张薇薇	女	65	77	64	70	45	49	370	
2009011	陈小鸥	女	60	61	72	70	59	70	392	
2009012	贝林	男	62	93	59	95	90	79	478	
2009013	黎梅雪	女	48	98	54	95	92	80	467	
2009014	王晴晴	女	56	70	74	78	82	87	447	
2009015	黄强	男	76	54	44	45	76	81	376	
2009016	方家梅	女	90	45	57	60	74	90	416	
2009017	夏露	女	71	45	52	78	50	85	381	
2009018	邵峰	男	43	89	40	98	95	96	461	

图 4.11　利用公式计算平均分

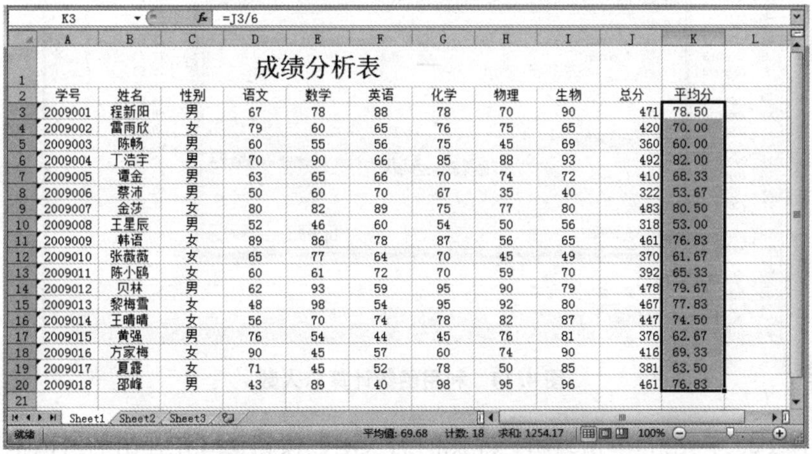
K3　=J3/6

成绩分析表

学号	姓名	性别	语文	数学	英语	化学	物理	生物	总分	平均分
2009001	程新阳	男	67	78	88	78	70	90	471	78.50
2009002	雷雨欣	女	79	60	65	76	75	65	420	70.00
2009003	陈畅	男	60	55	56	75	45	69	360	60.00
2009004	丁浩宇	男	70	90	66	85	88	93	492	82.00
2009005	谭金	男	63	65	66	70	74	72	410	68.33
2009006	蔡沛	男	50	60	70	67	35	40	322	53.67
2009007	金莎	女	80	82	89	75	77	80	483	80.50
2009008	王星辰	男	52	46	60	54	50	56	318	53.00
2009009	韩语	女	89	86	78	87	56	65	461	76.83
2009010	张薇薇	女	65	77	64	70	45	49	370	61.67
2009011	陈小鸥	女	60	61	72	70	59	70	392	65.33
2009012	贝林	男	62	93	59	95	90	79	478	79.67
2009013	黎梅雪	女	48	98	54	95	92	80	467	77.83
2009014	王晴晴	女	56	70	74	78	82	87	447	74.50
2009015	黄强	男	76	54	44	45	76	81	376	62.67
2009016	方家梅	女	90	45	57	60	74	90	416	69.33
2009017	夏露	女	71	45	52	78	50	85	381	63.50
2009018	邵峰	男	43	89	40	98	95	96	461	76.83

平均值: 69.68　计数: 18　求和: 1254.17

图 4.12　设置平均分数据格式

操作 4　按总分排序

将光标定位在数据区域 J3:J20 中的任意单元格内,单击“数据”菜单,在“排序和筛选”面板中单击“降序”按钮 ,将所有记录按总分由高到低降序排列。在 L2 单元格中输入“名次”,在 L3 单元格中输入“1”,按住 Ctrl 键后,使用单元格填充的方式,将 L4:L20 中输入“2”……“18”,如图 4.13 所示。将数据区域 J3:L20 中的数据进行居中对齐。

操作 5　成绩分析

(1) 在 A22:A24 区域中的各单元格中输入“总人数”、“男生人数”、“女生人数”,在单元格 C23 中输入“男生总分”,在 C24 单元格中输入“女生总分”。

(2) 选择 B22 单元格,单击编辑栏左侧的插入函数按钮 f_x ,在弹出的对话框中,选择统计函数“COUNTA”,参数设置如图 4.14 所示。

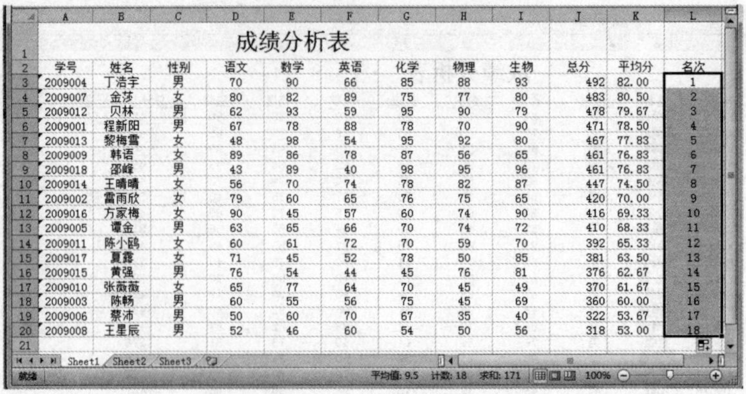

图 4.13 根据总分进行排名

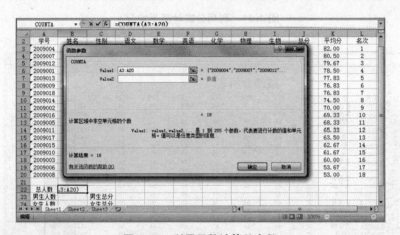

图 4.14 利用函数计算总人数

(3) 选择 B23 单元格,单击编辑栏左侧的插入函数按钮 f_x,在弹出的对话框中,选择统计函数"COUNTIF",参数设置如图 4.15 所示。

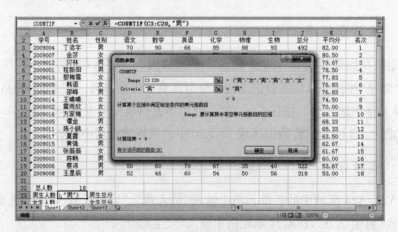

图 4.15 利用函数计算男生人数

(4) 在 B24 单元格中输入公式"=B22-B23"后回车,即可得出女生的人数,如图 4.16 所示。

项目四　制作电子报表

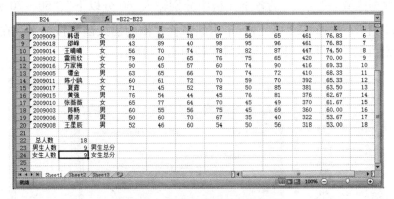

图 4.16　利用公式计算女生人数

（5）选择 D23 单元格，单击编辑栏左侧的插入函数按钮 *fx*，在弹出的对话框中，选择统计函数"SUMIF"，参数设置如图 4.17 所示。

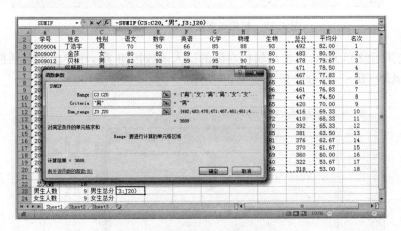

图 4.17　利用函数计算男生总分

（6）选择 D24 单元格，单击编辑栏左侧的插入函数按钮 *fx*，在弹出的对话框中，选择统计函数"SUMIF"，参数设置如图 4.18 所示。

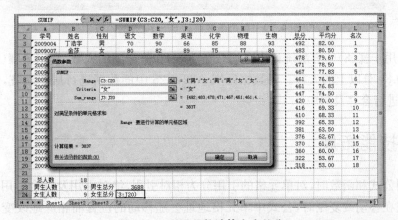

图 4.18　利用函数计算女生总分

(7) 在数据区域 G22:G25 的各单元格中分别输入"60 分以下"、"60～70 分"、"70～80 分"及"80 分以上"。选择 G22 单元格,单击编辑栏左侧的插入函数按钮 ƒₓ,在弹出的对话框中,选择统计函数"COUNTIF",参数设置如图 4.19 所示。

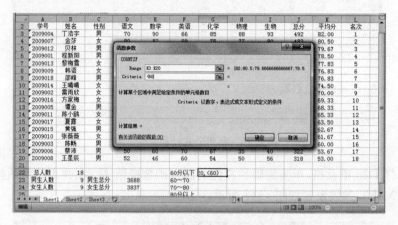

图 4.19　利用函数统计 60 分以下的人数

(8) 选择 G23 单元格,单击编辑栏左侧的插入函数按钮 ƒₓ,在弹出的对话框中,选择统计函数"COUNTIFS",参数设置如图 4.20 所示。

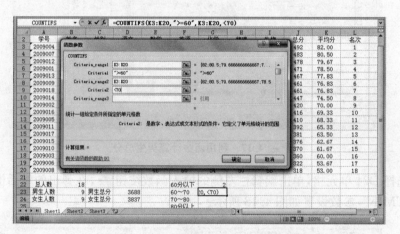

图 4.20　利用函数统计 60～70 分的人数

(9) 利用步骤(8)的方法统计出平均分在 70～80 分之间的人数,利用步骤(7)的方法求出平均分为 80 分以上的人数。将数据区域 A22:G25 中的数据进行居中对齐,选择数据区域 A2:L2,进行合并及居中。

四、技能拓展

在应用公式和函数时,对单元格的引用分为相对引用、绝对引用及混合引用。相对引用是指当公式在移动或复制时,公式中单元格地址会随移动的位置而相应地改变。绝对引用是指在把公式复制或者填入到新的位置时,引用的单元格地址保持不变。设置绝对地址通常是在单元格地址的列号和行号前添加符号"$"。混合引用是指在一个单元格地址中相对和绝对引用的混合使用。

复制公式时,公式中使用的单元格引用需要随着所在位置的不同变化时,应该使用单元格的"相对引用";不随所在位置变化的,使用单元格的"绝对引用"。

本实训最后可以利用公式计算出每个分数段学生人数占总人数的比例。

(1) 选择单元格 H22,输入公式"=G22/＄B＄22"后回车。

(2) 利用单元格填充的方式复制公式至 H25。

(3) 选择数据区域 H22：H25,在"开始"菜单的"单元格"面板中单击"格式"按钮 ▦ ,在下拉菜单中选择"设置单元格格式",在对话框中选择"数字"选项卡,设置"分类"为"百分比",保留两位小数,如图 4.21 所示。最后得出的效果图如图 4.22 所示。

图 4.21　设置数据类型

图 4.22　最终效果图

实训三 数据的统计与分析

一、实训目的

(1) 掌握分类汇总的用法。
(2) 掌握高级筛选的用法。
(3) 掌握数据透视表和数据透视图的用法。

二、实训内容

某海尔专卖店在第三季度(7、8、9月)的销售情况如表 4.1 所示。

表 4.1 销售情况表

月份	日期	商品	数量	单价	金额
7月	10日	空调	1	2300	2300
7月	13日	空调	3	2300	6900
7月	10日	冰箱	2	3000	6000
7月	20日	冰箱	1	3000	3000
7月	10日	洗衣机	1	2200	2200
7月	24日	洗衣机	1	2200	2200
7月	27日	洗衣机	2	2200	4400
8月	1日	空调	3	2300	6900
8月	4日	空调	1	2300	2300
8月	5日	冰箱	2	3000	6000
8月	23日	冰箱	2	3000	6000
8月	5日	洗衣机	1	2200	2200
8月	10日	洗衣机	3	2200	6600
9月	1日	空调	2	2300	4600
9月	15日	空调	3	2300	6900
9月	8日	冰箱	3	3000	9000
9月	20日	冰箱	3	3000	9000
9月	28日	冰箱	1	3000	3000
9月	10日	洗衣机	2	2200	4400
9月	20日	洗衣机	1	2200	2200

(1) 筛选出 7 月份销售金额在 4000 元以上的商品的信息。
(2) 利用数据透视表汇总统计每种商品在各个月的销售金额总数。
(3) 按月份汇总商品的销售金额。

三、实训步骤

操作 1　筛选出 7 月份销售金额在 4000 元以上的商品的信息

(1) 打开文件"销售表初始数据.xlsx",在数据区域 H2:I3 编写条件区域,如图 4.23 所示。

图 4.23　编写条件区域

(2) 选择数据区域 A2:F21,单击"数据"菜单,在"排序与筛选"面板中选择"高级筛选"按钮 ,在打开的对话框中设置参数如图 4.24 所示。

图 4.24　高级筛选参数设置

(3) 单击"确定"后,筛选出的结果如图 4.25 所示。

图 4.25　高级筛选的结果

操作2　统计每种商品在各个月的销售金额总数

（1）选择数据区域 A1:F21，在"插入"菜单的"表格"面板中，单击"数据透视表"按钮，在下拉菜单中选择"数据透视表"，在打开的对话框中设置参数，如图 4.26 所示。

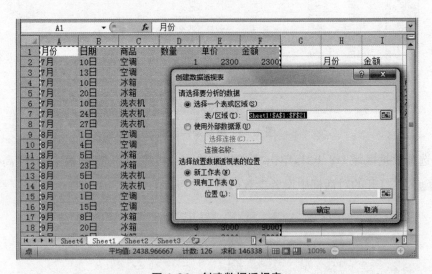

图 4.26　创建数据透视表

（2）单击"确定"后，在新建的工作表 Sheet4 中用鼠标将"月份"拖至"行标签"内，将"商品"拖至"列标签"内，将"金额"拖至"数值"内，如图 4.27 所示。

（3）在工作表 Sheet1 中选择数据区域 A1:F21，在"插入"菜单的"表格"面板中，单击"数据透视表"按钮，在下拉菜单中选择"数据透视图"，在打开的对话框中设置参数，如图 4.28所示。

（4）单击"确定"后，在新建的工作表 Sheet5 中用鼠标将"月份"拖至"轴字段"内，将"商品"拖至"图例字段"内，将"金额"拖至"数值"内，如图 4.29 所示。

项目四 制作电子报表 61

图 4.27 设置数据透视表的参数

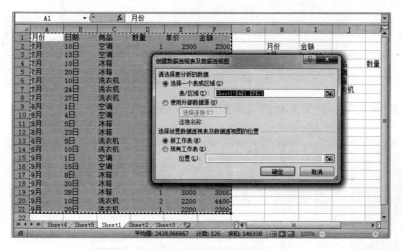

图 4.28 创建数据透视图

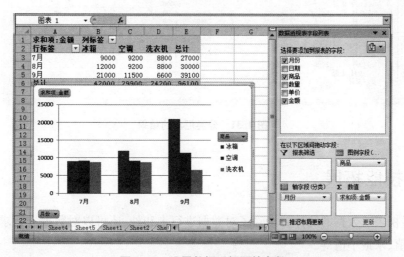

图 4.29 设置数据透视图的参数

操作 3　按月份汇总产品的销售金额

(1) 选择数据区域 A2:F21,在“公式”菜单的“分级显示”面板中,单击“分类汇总”按钮,在打开的“分类汇总”对话框中进行参数设置,如图 4.30 所示。

	月份	日期	商品	数量	单价	金额
2	7月	10日	空调	1	2300	2300
3	7月	13日	空调	3	2300	
4	7月	10日	冰箱	2	3000	
5	7月	20日	冰箱	1	3000	
6	7月	10日	洗衣机	1	2200	
7	7月	24日	洗衣机	1	2200	
8	7月	27日	洗衣机	2	2200	
9	8月	1日	空调	3	2300	
10	8月	4日	空调	1	2300	
11	8月	5日	冰箱	2	3000	
12	8月	23日	冰箱	2	3000	
13	8月	5日	洗衣机	1	2200	
14	8月	10日	洗衣机	3	2200	
15	9月	1日	空调	2	2300	
16	9月	15日	空调	3	2300	
17	9月	8日	冰箱	3	3000	
18	9月	20日	冰箱	3	3000	
19	9月	28日	冰箱	1	3000	
20	9月	10日	洗衣机	2	2200	
21	9月	20日	洗衣机	1	2200	2200

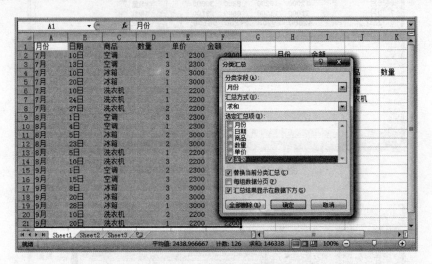

图 4.30　分类汇总参数设置

(2) 单击“确定”后,分类汇总的结果如图 4.31 所示。

	月份	日期	商品	数量	单价	金额
2	7月	10日	空调	1	2300	2300
3	7月	13日	空调	3	2300	6900
4	7月	10日	冰箱	2	3000	6000
5	7月	20日	冰箱	1	3000	3000
6	7月	10日	洗衣机	1	2200	2200
7	7月	24日	洗衣机	1	2200	2200
8	7月	27日	洗衣机	2	2200	4400
9	**7月 汇总**					27000
10	8月	1日	空调	3	2300	6900
11	8月	4日	空调	1	2300	2300
12	8月	5日	冰箱	2	3000	6000
13	8月	23日	冰箱	2	3000	6000
14	8月	5日	洗衣机	1	2200	2200
15	8月	10日	洗衣机	3	2200	6600
16	**8月 汇总**					30000
17	9月	1日	空调	2	2300	4600
18	9月	15日	空调	3	2300	6900
19	9月	8日	冰箱	3	3000	9000
20	9月	20日	冰箱	3	3000	9000
21	9月	28日	冰箱	1	3000	3000
22	9月	10日	洗衣机	2	2200	4400
23	9月	20日	洗衣机	1	2200	2200
24	**9月 汇总**					39100
25	**总计**					96100

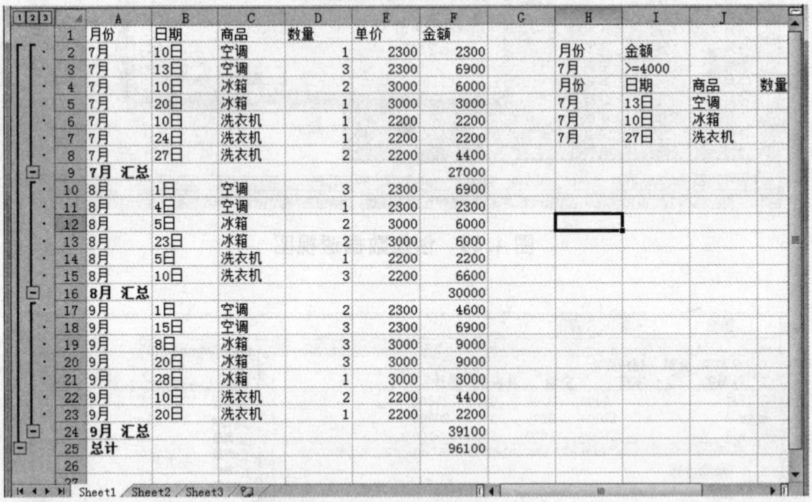

图 4.31　分类汇总的结果

四、技能拓展

数据透视表对数据的统计分析除了对数据进行求和外,还可以对数据进行求平均值、计数、求最大值、求最小值等。

(1) 如图 4.32 所示,选择值单元格后右击,在弹出的快捷菜单中选择“值字段设置”。

项目四 制作电子报表　　63

图 4.32　统计类型修改

(2) 在打开的"值字段设置"对话框中,在"值汇总方式"列表中选择"平均值",单击"确定"按钮,数据透视表中的数据即换成了金额的平均值,如图 4.33 所示。

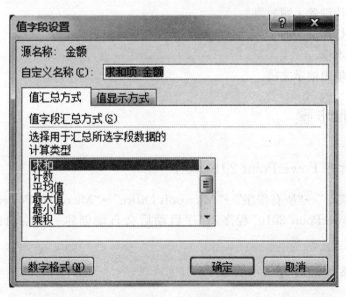

图 4.33　值字段修改

项目五　制作演示文稿

实训一　演示文稿的创建和基本操作

一、实训目的

(1) 熟悉演示文稿的创建和幻灯片的添加、删除。
(2) 掌握幻灯片的主题设置和文本的字体、颜色等格式的设置方法。
(3) 掌握演示文稿的保存和输出方法。

二、实训内容

(1) 创建演示文稿和添加幻灯片。
(2) 给幻灯片设置主题效果。
(3) 设置幻灯片文字的字体、大小、颜色等格式。
(4) 添加文本框。
(5) 保存和输出演示文稿。

三、实训步骤

操作1　打开 PowerPoint 2010 软件

点击"开始菜单"→"所有程序"→"Microsoft Office"→"Microsoft PowerPoint 2010",打开"Microsoft PowerPoint 2010"程序,程序启动后会自动创建一个空白的演示文稿,如图5.1所示。

操作2　添加幻灯片

添加新幻灯片有两种方式:
(1) 在窗口左侧幻灯片列表的空白区域单击右键,选择"新建幻灯片"选项卡。此处添加的新幻灯片将采用默认的布局样式。
(2) 在 PowerPoint 窗口"开始"菜单点击"新建幻灯片"选项卡添加新的幻灯片,也可以点击该选项卡的三角箭头选择其他类型的布局样式。

项目五 制作演示文稿 65

图 5.1 打开 Microsoft PowerPoint 2010

操作 3 设置主题

点击"设计"菜单,在"主题"选项中选择主题效果"精装书",如图 5.2 所示。

图 5.2 设置主题效果

操作 4 设置文字格式

点击"开始"菜单:
(1) 主标题"静夜思",文字的字体设为微软雅黑、字号为 60。
(2) 副标题"——李白诗词欣赏",文字的字体设为宋体、字号为 32。

操作 5 添加文本框

(1) 单击"插入"菜单,点击"文本框"选项卡。
(2) 在需要添加文本框的位置单击鼠标左键,出现水平文本框图标。
(3) 在文本框输入文字"2014 年 7 月"。

操作 6　使用其他文字颜色

（1）单击"开始"菜单。

（2）点击文字颜色图标右方的三角箭头，点击"使用其他颜色"选项卡。

（3）在出现的颜色对话框中选择"自定义"选项，输入自定义颜色：红 220、绿 170、蓝 20。如图 5.3 所示。

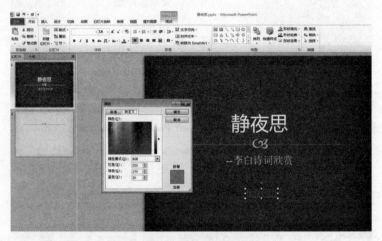

图 5.3　设置其他颜色

操作 7　其他文字格式设置

（1）单击幻灯片列表中的第二张幻灯片。

（2）主标题输入"静夜思"，字体"华文隶书"，颜色、大小默认，选中"文字阴影"选项。

（3）内容输入四行诗词内容，字体"华文隶书"，大小 36，颜色默认，居中对齐。

（4）选中内容部分文字，单击鼠标右键，点击"段落"选项卡，在弹出的"段落"对话框中设置"间距"选项的行距为"双倍行距"。如图 5.4 所示。

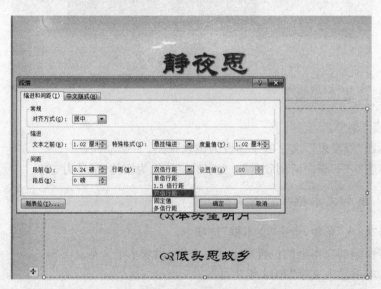

图 5.4　设置段落

（5）修改文本框格式：选中内容文本框，单击右键→设置形状格式→文本框，"水平对齐方式"选择"居中"，文字方向选择"竖排"。设置结果如图 5.5 所示。

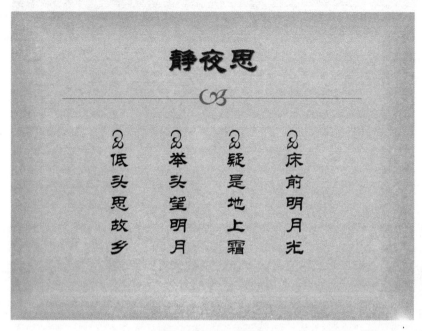

图 5.5　修改文本框格式

操作 7　演示文稿的保存和输出

（1）单击"文件"菜单，点击"保存"按钮，或者在其他菜单模式下直接点击窗口左上方的保存按钮，在弹出的"另存为"窗口中输入文件名"静夜思.pptx"。

（2）演示文稿的输出：点击"另存为"按钮，根据不同需求将演示文稿输出为不同的格式：

① PPT：PowerPoint 97—2003 兼容格式；
② PPSX：放映模式；
③ THMX：自定义的主题效果；
④ WMV：视频格式；
⑤ JPG、GIF、PNG：图片格式。

四、技能拓展

修改文本框的文字方向

默认情况下添加文本框只有水平和垂直两种文字方向，修改文本框的文字方向为任意方向方法如下：选中文本框，将鼠标移至文本框上方的绿色圆点附近，出现旋转图标，按住鼠标左键不放，移动鼠标将文本框旋转至需要的方向，如图 5.6 所示。

图 5.6　旋转文本框方向

实训结果如图 5.7 所示。

图 5.7　实训结果

实训二　幻灯片的切换和动画设计

一、实训目的

(1) 掌握幻灯片切换方式的设置方法。
(2) 掌握幻灯片动画效果的设置方法。
(3) 掌握幻灯片的放映方法。

二、实训内容

(1) 幻灯片切换。
(2) 幻灯片切换效果选项设置。
(3) 幻灯片动画效果设置。
(4) 幻灯片放映。

三、实训步骤

打开实训一制作的"静夜思.pptx"演示文档。

操作1　幻灯片切换

(1) 点击演示文稿窗口左侧幻灯片列表的第一张幻灯片。
(2) 点击"切换"菜单,选择切换效果为"涡流",效果选项选择"自右侧",声音选择"鼓掌",持续时间03:00秒,设置自动换片时间00:03.00。如图5.8所示。
(3) 选择第二张幻灯片,设置该幻灯片的切换效果为"轨道",无声音,换片方式为单击鼠标时。

图5.8　幻灯片切换效果设置

操作2　幻灯片动画效果设置

(1) 点击"幻灯片放映"菜单,进入幻灯片放映方式设置。
(2) 点击标题文本框,选择动画效果为进入类的"轮子",动画方案为"4轮辐图案"。
(3) 点击内容文本框的第一行"床前明月光",选择动画方案为进入类的"随机线条",持续时间"01:00"秒。
(4) 分别为第二至第四行设置动画方案"浮入"、"旋转"和"擦除"。如图5.9所示。

操作3　幻灯片放映方式设置

(1) 点击"从头开始",会从第一张幻灯片开始全屏播放演示文稿。
(2) 点击"从当前幻灯片开始",会从当前幻灯片开始全屏播放演示文稿。
(3) "自定义放映方式"会根据自定义的播放顺序播放演示文稿。

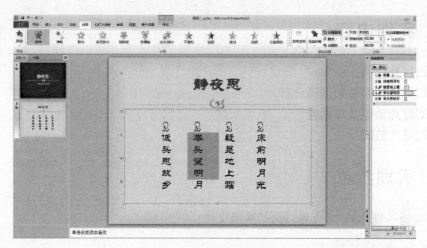

图 5.9　幻灯片动画设置

四、技能拓展

幻灯片录制

点击"录制幻灯片演示"可以在放映幻灯片的同时录制幻灯片,包括幻灯片的切换时间、旁边和批注。放映录制的幻灯片能够实现多次完全相同的幻灯片放映效果。

实训三　在演示文稿中添加多媒体

一、实训目的

(1) 熟练掌握在演示文稿中添加多媒体的方法。
(2) 熟练掌握超链接的添加方法。

二、实训内容

(1) 添加图片。
(2) 添加艺术字。
(3) 添加音视频文件。
(4) 添加超链接。

项目五 制作演示文稿 71

三、实训步骤

操作 1 添加图片

(1) 打开实训项目二中制作的演示文稿。

(2) 选择"插入"菜单→"图片",在电脑中找到需要加入的图片"jingyesi.jpg"(请提前下载)。

(3) 此时发现新加入的图片遮住了幻灯片中的文字,右键单击图片,选择"置于底层",将图片文件作为背景图片。如图 5.10 所示。

图 5.10 将图片置于底层

(4) 调整图片的大小,将图片对齐到幻灯片的右下角。

(5) 设置图片格式:右击图片,选择"设置图片格式"选项,在弹出的对话框中选择"发光和柔化边缘"选项,设置柔化边缘大小为"25 磅"。如图 5.11 所示。

设置完成后的幻灯片效果如图 5.12 所示。

操作 2 添加艺术字

(1) 添加一张幻灯片。

(2) 选择"插入"菜单→"艺术字",选择最后一个艺术字效果"深红"。

(3) 在弹出的对话框中输入需要显示成艺术字的文字内容"《静夜思》赏析",如图 5.13 所示。

(4) 删除标题文本框,将艺术字移至标题文本框位置。

(5) 在内容文本框中输入赏析文字,行距 1.5 倍。如图 5.14 所示。

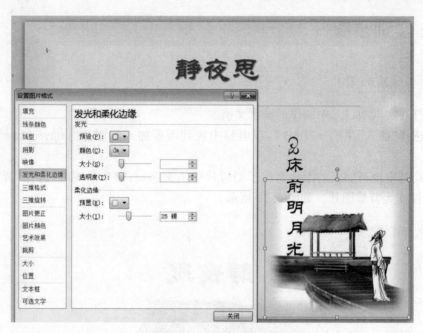

图 5.11 设置图片格式

图 5.12 插入图片效果图

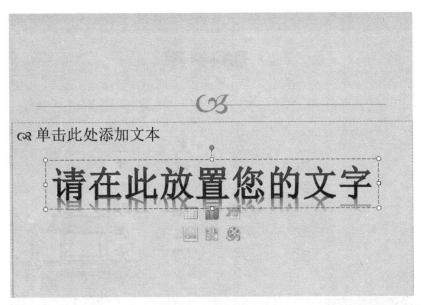

图 5.13 插入艺术字

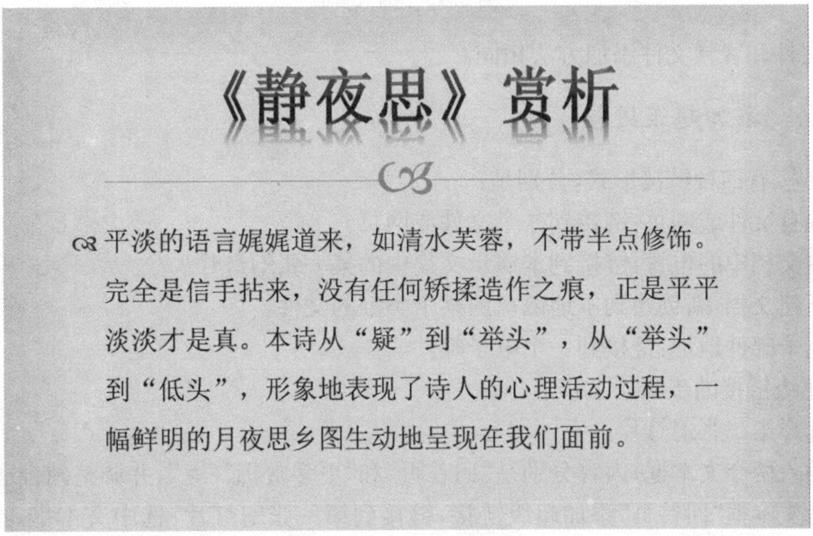

图 5.14 艺术字效果

操作 3 添加音视频文件

(1) 选择第二张幻灯片。
(2) 选择"插入"菜单→"音频",选择"文件中的音频",选择相关音频文件。
(3) 幻灯片中出现音频的喇叭图标,将其移动到合适位置。
(4) 在音频图标附近添加文本框,内容输入"朗诵"。
(5) 放映幻灯片时,当鼠标移至音频图标上时,会出现播放音频按钮和播放进度条,如图 5.15 所示。

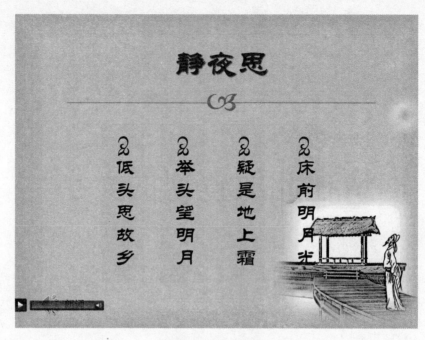

图 5.15 插入音频

视频文件和音频文件添加方法相同。

操作 4 添加超级链接

超级链接有四种链接形式,分别是:
(1) 现有文件或网页:链接到一个文件或网页。
(2) 本文档中的位置:链接到本演示文稿中的某一张幻灯片。
(3) 新建文档:新创建到本地磁盘的某个类型的文件。
(4) 电子邮件地址:链接到一个电子邮件。

添加超级链接的步骤如下:
(1) 选择第二张幻灯片。
(2) 插入两个文本框,内容分别是"回首页"和"更多赏析>>",并调整到合适位置。
(3) 为文本框"回首页"添加超级链接,链接到第一张幻灯片:选中文本框,选择"插入"菜单→超链接。在弹出的对话框中选择"本文档中的位置",在出现的选项中选择"第一张幻灯片"。点击"屏幕提示"按钮,输入当鼠标移至超链接上方时显示的屏幕提示文字"返回到第一张幻灯片"。如图 5.16 所示。
(4) 类似,为在"更多赏析>>"文本框添加链接到"现有文件或网页"的超链接,链接地址输入 http://www.xcvtc.edu.cn/。如图 5.17 所示。

操作 5 添加图表

(1) 添加一张新的幻灯片。在标题文本框中输入"李白诗词类型分析"。
(2) 选择"插入"菜单→"图表",或者点击内容文本框中间的图表图标,插入一个新的图表。如图 5.18 所示。

项目五　制作演示文稿

图 5.16　加入幻灯片超链接

图 5.17　链接到网页

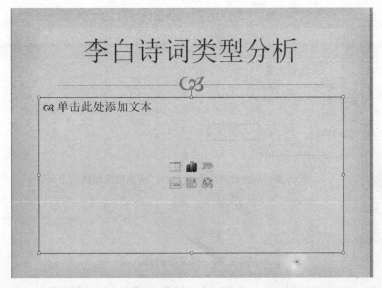

图 5.18　添加图表

(3) 在弹出的插入图表对话框中选择"饼图",类型选择"分离式三维饼图",如图 5.19 所示。

图 5.19　添加分离式三维饼图

(4) 在弹出的 Excel 表格中根据实际情况设置图表的数据,如图 5.20 所示(图中为虚拟数据)。

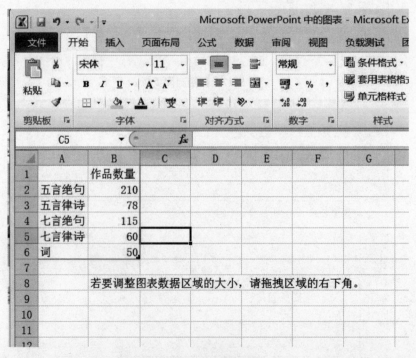

图 5.20　图表数据输入

(5) 数据输入完毕后,关闭 Excel,Excel 中的数据自动同步到图表中。

（6）默认情况下，图表中的饼图上并不显示具体数据，右键点击图表，选择添加数据标签，具体的数据会显示到饼图中，如图5.21所示。

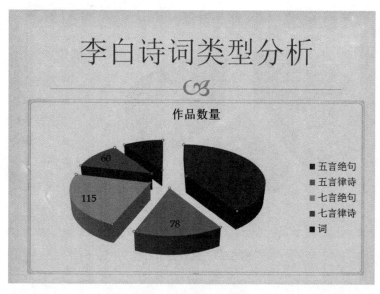

图 5.21　图表显示结果

（7）根据需要，还可以设置数据的不同显示格式，右键单击图表，选择"设置数据标签格式"选项，在弹出的对话框中选中需要显示的内容，如图5.22所示。

图 5.22　设置数据标签格式

(8) 设置完成后的图表如图 5.23 所示。

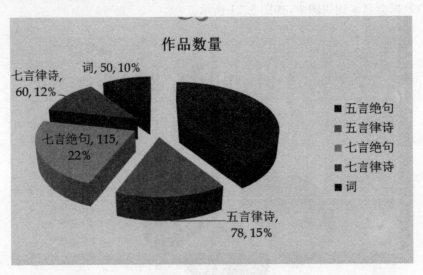

图 5.23 数据显示内容

四、技能拓展

为演示文稿设置母版

幻灯片母版能够统一幻灯片的格式,执行"视图"→"母版"→"幻灯片母版"可以进行幻灯片母版的设计与编辑。

项目六　网络与 Internet 应用

实训一　网 络 配 置

一、实训目标

(1) 熟悉网络协议的选择。
(2) 掌握 IP 地址的设置方法。

二、实训内容

(1) Internet 协议的选择。
(2) 静态 IP 地址的设置。
(3) 动态 IP 地址的设置。
(4) 网络维护。

三、实训步骤

操作 1　打开网络连接

右键单击桌面上"网络"图标,选择"属性",在打开的"网络和共享中心"窗口中,单击左侧"更改适配器设置",打开"网络连接"窗口,如图 6.1 所示。

操作 2　选择协议

(1) 右键单击"本地连接"图标,选择"属性"按钮,弹出"本地连接属性"对话框,如图 6.2 所示。
(2) 选择其中的"Internet 协议版本 4(TCP/IPv4)"项。
(3) 单击"属性"按钮,在弹出的对话框中设置 IP 地址。

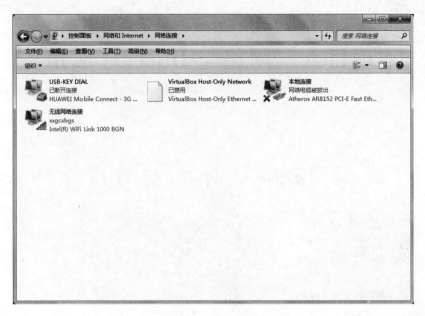

图 6.1 网络连接

图 6.2 本地连接属性

操作3 设置IP地址

设置IP地址有两种方法,具体操作如下:

(1) 若局域网接入Internet的ISP服务商提供DHCP服务器,选择"自动获得IP地址"选项,此时不需要设置IP地址。

(2) 若局域网接入Internet的ISP服务商没有提供DHCP服务器,选择"使用下面的IP地址"选项,在此ISP服务商会提供给局域网用户一个IP地址和子网掩码。

(3) 分别输入ISP服务商提供的"IP地址"和"子网掩码"。如图6.3所示。

(4) 在"默认网关"和"使用下面的DNS服务器"地址处输入网络管理员提供的网关和DNS服务器地址。

(5) 单击"确定"按钮,完成设置,此时即建立了一个通过局域网接入到Internet的连接。

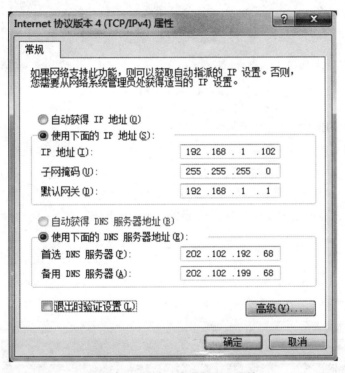

图 6.3 Internet 协议版本 4 属性

操作4 网络维护

局域网运行一段时间后,可能会出现一些网络问题,此时就需要对网络进行维护,网络维护主要通过一些常用网络工具来进行,如Ipconfig、Ping、Telnet等。

1. Ipconfig命令的使用

Ipconfig命令主要用来查看TCP/IP协议的具体配置信息,如网卡的物理地址(MAC地址)、主机的IPv4地址、子网掩码以及默认网关等,还可以查看主机名、DNS服务器等信息。

(1) 在"开始"菜单的"搜索"文本框中输入CMD命令,打开"命令提示符"窗口。如

图 6.4 所示。

（2）在"命令提示符"窗口中，输入 ipconfig/all 命令，查看 TCP/IP 协议的具体配置信息。

图 6.4 ipconfig 命令

2. Ping 命令的使用

Ping 命令用来检查网络是否连通，以及测试与目标主机之间的连接速度。Ping 命令自动向目标主机发送一个 32 字节的消息，并计算到目标站点的往返时间。该过程在默认情况下独立进行 4 次。往返时间低于 400ms 即为正常，超过 400ms 则较慢。如果返回"Request timed out"（超时）信息，则说明该目标站点拒绝 Ping 请求（通常是被防火墙阻挡）或连接不通等。

（1）在"命令提示符"窗口中，输入"pmg 127．0．0．1"命令，查看显示结果。如果能 Ping 成功，说明 TCP/IP 协议已正确安装，否则说明 TCP/IP 协议没有安装或 TCP/IP 协议有错误等。如图 6.5 所示。

图 6.5 Ping 命令

(2) 如果以上测试成功,输入"Ping 默认网关"命令,查看显示结果。其中的"默认网关"就是如图所示的默认网关 IP 地址。如果能 Ping 成功,说明主机到默认网关的链路是连通的;否则,有可能是网线没有连通、IPv4 地址或子网掩码设置有误等。如图 6.6 所示。

图 6.6　Ping 命令

(3) 如果以上测试均成功,输入"Ping 115.239.211.110"命令,查看显示结果。其中的"115.239.211.110"是 Internet 上某服务器的 IP 地址。如果 Ping 成功,说明主机能访问 Internet;否则,说明默认网关设置有误或默认网关没有连接到 Internet 等。如图 6.7 所示。

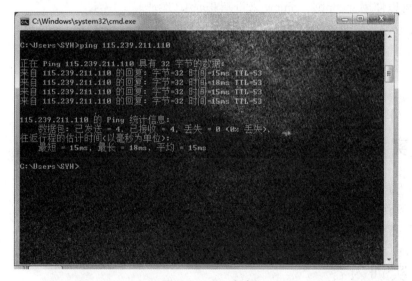

图 6.7　ping 命令

(4) 如果以上测试均成功,输入"ping www.baidu.com"命令,查看显示结果。如果 Ping 成功,说明 DNS 服务器工作正常,能把网址(www.baidu.com)正确解释为 IP 地址(115.239.211.110);否则,说明主机 DNS 服务器的设置有误等。如图 6.8 所示。

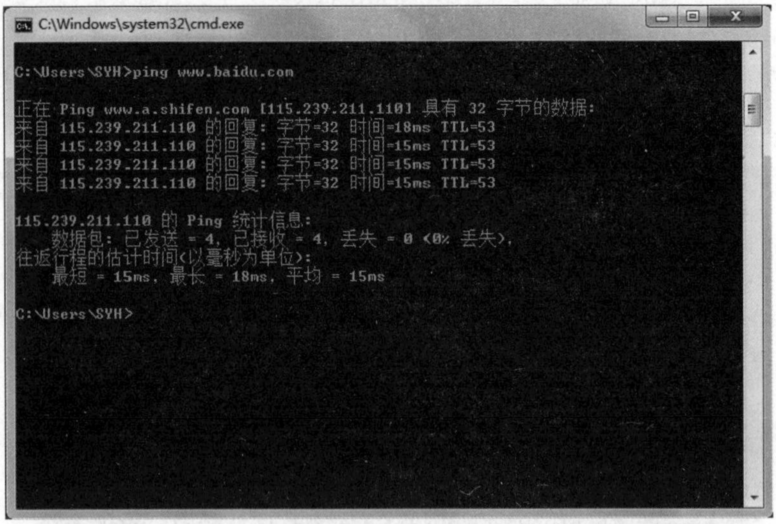

图 6.8 Ping 命令

四、技能拓展

动态 IP 地址的释放和获得

在打开的命令提示符窗口,输入 ipconfig /release 来释放当前的 IP 地址,释放 IP 地址之后,我们可以使用 ipconfig /renew 来重新获取 IP 地址。

实训二 设置路由器

一、实训目标

(1) 熟悉路由器的连接。
(2) 了解路由器的登录。
(3) 掌握路由器的设置方法。

二、实训内容

(1) 连接路由器。
(2) 路由器的基本设置。
(3) 路由器的安全设置。

三、实训步骤

(1) 打开 IE 浏览器,在地址栏输入 192.168.1.1,按回车键,弹出如图 6.9 所示的界面,输入登录凭据。

图 6.9　路由器登录界面

(2) 进入路由器界面,点击设置向导,点击下一步选择 PPPoE,点击下一步。如图 6.10 所示。

图 6.10　设置向导界面

(3) 进入如图 6.11 所示的界面,输入 ADSL 账号和口令,点击下一步。

图 6.11 账号、密码设置界面

(4) 弹出"无线设置"的界面,输入 SSID 信息,选择 WPA‑PSK/WPA2‑PSK 无线安全选项,输入 PSK 密码,点击下一步。如图 6.12 所示。

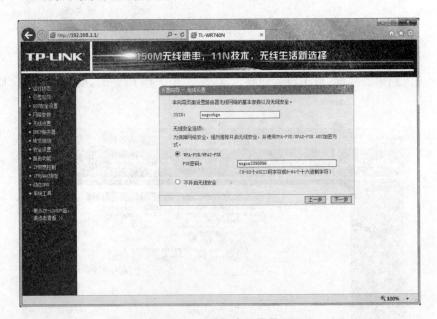

图 6.12 无线安全设置界面

(5) 设置完成,单击"重启",路由器将重启以使设置生效。如图 6.13 所示。

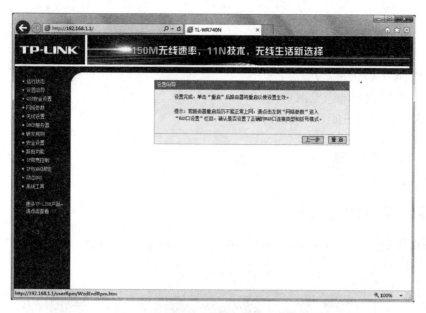

图 6.13 重启界面

四、技能拓展

无线路由器如何设置最安全

(1) 无线加密方式:选择较新的 WPA2-PSK,否则用专业软件几分钟内就可以破解掉老的 wep 加密方式。

(2) 增加密码强度:至少 8 位,隔一段时间就换一次。包含大写字母、小写字母、数字、特殊符号这四种中的三种及以上。这个主要是增加暴力破解的难度。

(3) QSS 功能关闭或者修改掉默认的 Pin 码:这主要是因为目前 D-LINK、TP-LINK 等主流无线路由器厂商的 Qss 默认 Pin 的分配算法已经被破解,其他人可以利用 QSS 认证的漏洞攻入。

(4) Mac 地址绑定和关闭 DHCP:即使别人连上你的路由器也分不到 IP 地址。

(5) 关闭 SSID 广播,这样别人就看不到你的网络。

实训三 IE 的基本设置与网上浏览

一、实训目标

(1) 熟练掌握 IE 浏览器的基本设置方法。
(2) 掌握网页的收藏设置方法。
(3) 掌握网页的保存设置方法。

二、实训内容

(1) IE 浏览器的基本设置。
(2) 使用 IE 浏览器浏览网页。
(3) 保存与管理网页上有价值的信息。

三、实训步骤

操作 1　IE 的基本设置

在制面板中打开"网络和 Internet",单击"Internet 选项",打开 Internet 属性对话框窗口,如图 6.14 所示。

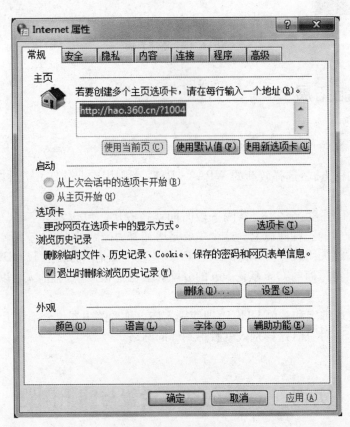

图 6.14　Internet 属性

1. "常规"选项的设置

(1) 将主页设置为 http://www.hao123.com/。
(2) 删除 Internet 临时文件。
(3) 将浏览过的网页保存在计算机上的天数设置为 7 天。
(4) 清除历史记录。

(5) 将 Internet 临时文件所占磁盘空间设置为 500MB。
(6) 移动或查看磁盘上的 Internet 临时文件夹。
(7) 设置 IE 访问过的链接为"黄色",没访问过的链接为"红色"。
(8) 尝试改变字体、语言、辅助功能等的设置,观察相应的变化。

2. "安全"选项的设置

(1) 查看并适当调整 Web 区域的安全级别,并放弃所做的修改。
(2) 自定义级别,将安全级设为"高",并恢复为默认级别。
(3) 将"www.sohu.com"添加到受信任的站点。
(4) 将"www.139500.com"添加到受限的站点。

3. "隐私"选项的设置

(1) 将隐私设到高一点的级别,阻止没有明确许可的第三方 Cookie。
(2) 设置弹出窗口阻止程序。

4. "内容"选项的设置

(1) 选择"启用",在"级别"选项卡中将暴力设为 3 级。
(2) 选择"自动完成",在对话框中,清除表单和密码。

5. "程序"和"高级"选项的设置

(1) 选择网页中需调用的控件。
(2) 在多媒体中设置播放网页中的动画、声音、视频。
(3) 在浏览网页中禁止脚本调试。

操作 2 使用 IE 浏览器浏览网页

1. 启动 IE

在启动 IE 浏览器之时,应该将用户的计算机与 Internet 连接。IE 浏览器启动之后的界面如图 6.15 所示。

图 6.15 启动 IE 浏览器

2. 工具栏的应用

(1) 打开任意一个网站进行浏览,进入下一级的网页进行浏览。

(2) 单击工具栏的"停止"、"刷新"、"主页"、"后退"等按钮,并观察操作结果。

(3) 单击工具栏的"搜索"、"收藏"、"媒体"、"历史"等按钮,并分析其功能。

3. 地址栏的使用

(1) 在 IE 浏览器中的地址栏内先后输入"网易"和"宣城职业技术学院"的域名,最后再重复操作,并查看地址栏的内容。

(2) 在 Internet 选项中清除历史记录,再查看地址栏的内容。

4. 浏览栏的使用

分别使用"搜索栏"、"收藏夹"、"历史记录"等三种形式对浏览的网页进行操作。

(1) 使用搜索栏

① 单击工具栏的"搜索"按钮,浏览器左边窗口出现搜索栏;

② 使用搜索栏搜索有关"复旦大学"的网页,打开该网站,并查找有关"专业设置"的内容。

(2) 使用收藏夹

① 将"复旦大学"和"宣城职业技术学院"的网址添加到收藏夹中,其中将"复旦大学"的网页设置成允许脱机使用,并设置用户名为"good"和密码"888"。

② 整理收藏夹,新建文件夹"大学",将"复旦大学"网站移至"大学"文件夹中,并将"宣城职业技术学院"删除。

(3) 使用历史记录栏

① 单击工具栏的"历史"按钮,浏览器窗口左边出现历史记录栏;

② 单击"今天"的访问记录,查看访问历史记录。

操作 3 保存与管理有价值信息

1. 保存整个网页

打开某个网页,点击菜单栏中的"文件"→"另存为",打开"保存网页"对话框,在保存类型中选择"网页,全部"类型。如图 6.16 所示。

2. 保存网页中的图片

打开某个网页,鼠标右击要保存的图片,弹出快捷菜单,单击"图片另存为"命令,打开"保存图片"对话框,指定保存位置和文件名即可。

3. 保存网页中文字

(1) 如果保存网页中全部文字,保存方法与保存整个网页类似,选择保存类型为"文本文件"。

(2) 如果保存网页中部分文字,则先选定要保存的文字,鼠标右击执行"复制"命令,将内容粘贴到文本文档或 Word 文档中。

图 6.16 "保存网页"对话框

四、技能拓展

(一)清除上网痕迹

IE 浏览器提供了一个"自动完成"功能,用户在上网过程中,在 URL 地址栏或网页文本框中所输入的网址及其他信息会被 IE 自动记住。这样当用户再次重新输入这些网址或信息的第一个字符或文字时,这些被输入过的信息就会自动显示出来,就好像留下"痕迹"一样。虽然给用户带来了方便,但同时也给用户带来潜在的泄密危险。要清除上网"痕迹",可通过 IE 的"内容"选项中"自动完成"来设置。

(二)关键字组合搜索

搜索引擎是目前网络检索的最常用工具。为了更加快速、准确地搜索到用户所需要的信息,除了常用的关键字搜索之外,一般的搜索引擎还支持多个关键字的组合搜索。各关键字之间须键入","分隔号或"+"、"-"连接号("+"表示包括该信息,"-"表示去除该信息)。如在搜索文本框中输入"网站+文档"表示搜索有关网站和文档的所有信息。

项目七　常用工具软件的安装与使用

实训一　安装并使用 360 安全卫士

一、实训目的

掌握 360 安全卫士的使用方法。

二、实训内容

（1）对电脑进行体检。
（2）使用软件管家。

三、实训步骤

1. 下载并安装 360 安全卫士

进入 360 安全中心主页 http://www.360.cn，如图 7.1 所示，下载 360 安全卫士安装文件，并按提示完成安装。

图 7.1　360 安全中心主页

2. 为电脑体检

启动 360 安全卫士,单击"电脑体检",对电脑进行全方位的检测,如图 7.2 所示。

图 7.2　360 安全卫士"电脑体检"界面

3. 使用"软件管家"

启动 360 安全卫士,单击"软件管家",如图 7.3 所示,从软件列表中查看可以下载的所有软件。

图 7.3　360 安全卫士"软件管家"界面

实训二　安装并使用360杀毒软件

一、实训目的

掌握360杀毒软件的使用方法。

二、实训内容

（1）对电脑进行体检。
（2）使用软件管家。

三、实训步骤

1. 下载并安装360杀毒软件

运行360安全卫士，单击"软件管家"，如图7.4所示，从软件列表中点击下载"安全杀毒"软件，下载并安装360杀毒软件。

图7.4　下载360杀毒软件

2. 更新病毒库

启动360杀毒软件，单击"检查更新"，如图7.5所示，更新病毒库。

图 7.5　360 杀毒软件主界面

3. 快速扫描

单击"快速扫描"对当前计算机进行快速扫描,如图 7.6 所示,检查是否感染计算机病毒。

图 7.6　360 杀毒——快速扫描

4. 自定义扫描

插上 U 盘,选择自定义扫描,选择扫描可移动磁盘,如图 7.7 所示,对插入的 U 盘进行扫描杀毒。

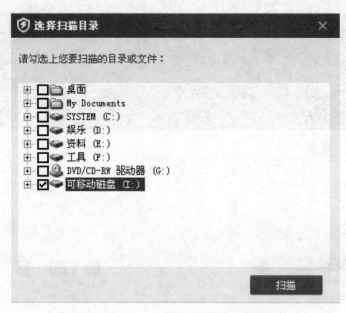

图 7.7 360 杀毒——自定义扫描

实训三 安装并使用移动飞信

一、实训目的

掌握移动飞信的使用方法。

二、实训内容

(1) 添加手机通讯录好友。
(2) 发送飞信短信。

三、实训步骤

1. 下载并安装飞信

运行 360 安全卫士,单击"软件管家",如图 7.8 所示,从软件列表中点击下载"聊天工具"软件,下载并安装飞信 2014。

图 7.8　下载飞信 2014

2. 注册飞信

启动飞信 2014,单击"免费注册",如图 7.9 所示,注册一个新账号。

图 7.9　注册并登录飞信 2014

3. 发送飞信短信

登录飞信 2014,尝试通过好友手机号添加一个好友,并利用飞信向其发送一条问候短信,如图 7.10 所示。

图 7.10 发送飞信短信

实训四 安装并使用压缩软件

一、实训目的

掌握压缩软件的使用方法。

二、实训内容

(1) 压缩文件。
(2) 解压压缩文件。

三、实训步骤

1. 下载并安装压缩软件

运行 360 安全卫士,单击"软件管家",如图 7.11 所示,从软件列表中点击下载"压缩刻录"软件,下载并安装 WinRAR 5.0。

2. 压缩文件

启动 WinRAR,打开文件夹"我的文档",单击"我的音乐"文件夹,右键选择"添加到 My

项目七 常用工具软件的安装与使用   99

图 7.11 下载 WinRAR 5.0

Music.rar",生成压缩文件"My Music.rar"保存至文件夹"我的文档"。

3. 解压压缩文件

从因特网上下载一个压缩文件,利用 WinRAR 5.0 将其解压到 D 盘下,如图 7.12 所示。

图 7.12 解压压缩文件

实训五　使用 QQ 影音播放电影

一、实训目的

掌握 QQ 影音的使用方法。

二、实训内容

(1) 播放光盘里的或者下载的电影文件。
(2) 截取电影中的图片或一段影片。

三、实训步骤

1. 下载并安装 QQ 影音

运行 360 安全卫士,单击"软件管家",如图 7.13 所示,从软件列表中点击"视频软件"软件,下载并安装 QQ 影音 3.7 正式版。

图 7.13　下载 QQ 影音 3.7

2. 使用 QQ 影音播放电影

启动 QQ 影音 3.7 正式版,播放下载的高清电影,如图 7.14 所示。

项目七　常用工具软件的安装与使用　　101

图 7.14　播放电影

3. 截取图片

从电影中截取几张图片制作电影的宣传海报,如图 7.15 所示。

图 7.15　截取图片

参 考 文 献

[1] 魏民,李宏.大学计算机应用基础实训指导与测试[M].北京:中国水利水电出版社,2012.

[2] 孙锐,周巍.大学计算机基础实训指导[M].武汉:武汉大学出版社,2012.

[3] 田丰春.大学计算机基础实训指导[M].北京:清华大学出版社,2012.

[4] 高万萍,吴玉萍.计算机应用基础实训指导[M].北京:清华大学出版社,2013.

[5] 侯冬梅.计算机应用基础实训指导与习题集[M].北京:中国铁道出版社,2011.